大熊猫（*Ailuropoda melanoleuca*）幼崽，易危

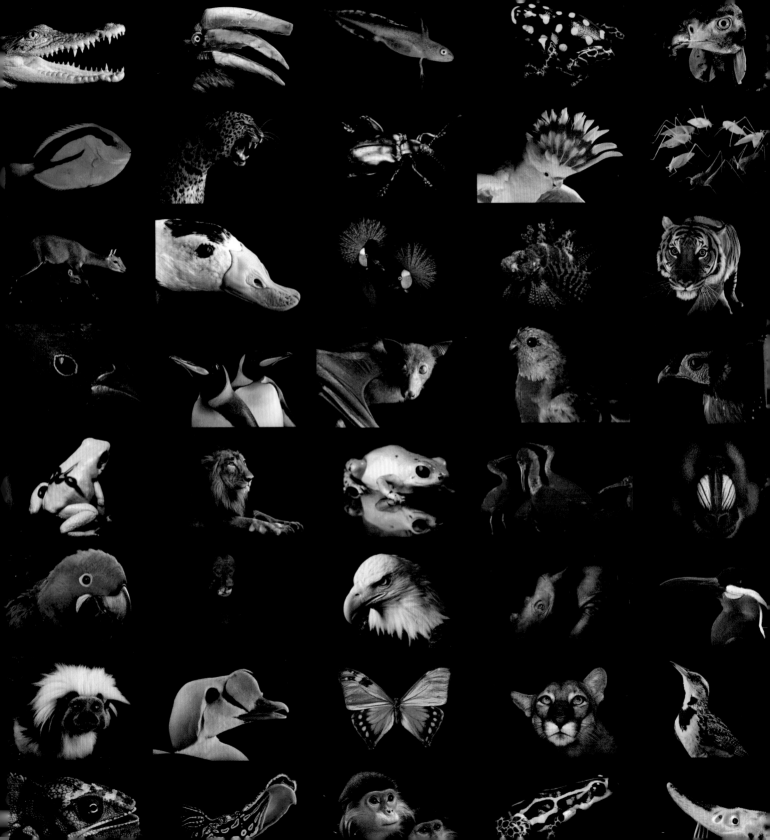

NATIONAL GEOGRAPHIC
美国国家地理丛书

美国国家地理
动物奇珍馆

THE PHOTO ARK
One Man's Quest to Document
the World's Animals

［美］乔尔·萨托（Joel Sartore）/ 著

王烁 / 译

人民邮电出版社
北京

马来虎（*Panthera tigris jacksoni*），极危

目　录

对页图：红尾长尾猴
（*Cercopithecus ascanius schmidti*），无危
康多兀鹫（*Vultur gryphus*），易危

蓝斑鳌蛱蝶（*Charaxes cithaeron*），
濒危等级未评估

棕胸佛法僧（*Coracias benghalensis*），无危

序

哈里森·福特（Harrison Ford）

保护国际基金会副主席

当你拿起这本书时，不需要我再提醒你那些定格在历史长河中的一幕幕灭绝事件。此刻，地球上的物种正在以恐龙时代以来最快的速度灭绝。

也许你和我一样，对大自然的向往出于我们对老虎、蝴蝶、海獭和犀牛等动物的热爱。我们无法想象一个失去这些可爱生灵的世界将会变成什么样子，但遗憾的是我们不得不承认现实。当现实与梦想背道而驰时，我们这些关注野生动物保护的人士愈发深刻地认识到野生动物保护已然超越了保护自然本身。

生态学家威尔逊（E. O. Wilson）曾说："如果我们不能把保护其他物种作为我们人类神圣的职责，我们就是在毁灭我们自己赖以生存的家园，毁灭自己。"

的确，物种的灭绝会导致生态系统的改变。比如，当传粉者消失时，作物可能会绝收。而当捕食者消失时，整个食物链可能会崩塌。如果一片雨林里的所有猴子、鸟类和乌龟完全消失，那么植物将无法繁殖——这将会间接导致维持气候平衡并为我们提供新鲜空气和水的植被消失殆尽。我们必须承认这个世界上的森林、海洋、湿地和稀树草原不仅是野生动物的天堂，更是维系所有生命生存的家园。

我们的食物和水，我们呼吸的空气，肥沃的土壤和稳定的气候环境……所有这些都仰赖物种之间复杂的相互作用。如果把大自然想象成一条挂毯，那么每一个物种就好比这条挂毯上的一条线。虽然无法知道哪些线是挂毯组成整体的关键，但是如果抽出每条线，挂毯也就几近解体。

乔尔·萨托的这部野生动物图鉴将组成大自然挂毯的线悉数清点。这些图片记录了地球上令人难以置信的（动物）物种多样性，这是大自然抵御冲击、维持稳定的关键。尽管遭受到全球性的森林破坏、海洋酸化和气候变暖，大自然保持稳定的能力还是令人惊讶。

乔尔的工作之所以重要，在于他提醒我们要时刻关注那些单独的"线"。这些动物看着我们，怀疑我们，吸引我们，让我们欢乐、叹息、忧虑。从他的摄影作品中，我们可以感受到我们与这些动物之间难以切割的联系。这些作品让每一只动物以及它们灭绝的后果都真实地呈现在我们面前。

在芸芸众生中，人类只是普通一员。与这本书描绘的有所不同的是，我们正致力于改变物种灭绝的现实。虽然大自然不会在意个别物种的繁荣和衰败，也不需要人类来战胜，但是如果仔细审视每一个物种，定睛于乔尔的每一幅作品，我们应该清楚自己能为它们做些什么。

保护世界的物种多样性，归根结底就是保护我们自己。我们，和乔尔镜头中的它们，都是这颗蔚蓝星球的共同主人。◆

对页图：一只婆罗洲猩猩（*Pongo pygmaeus*）（极危）
和它的养母——一只婆罗洲猩猩和苏门答腊猩猩的杂合体

西印度海牛（*Trichechus manatus manatus*），濒危

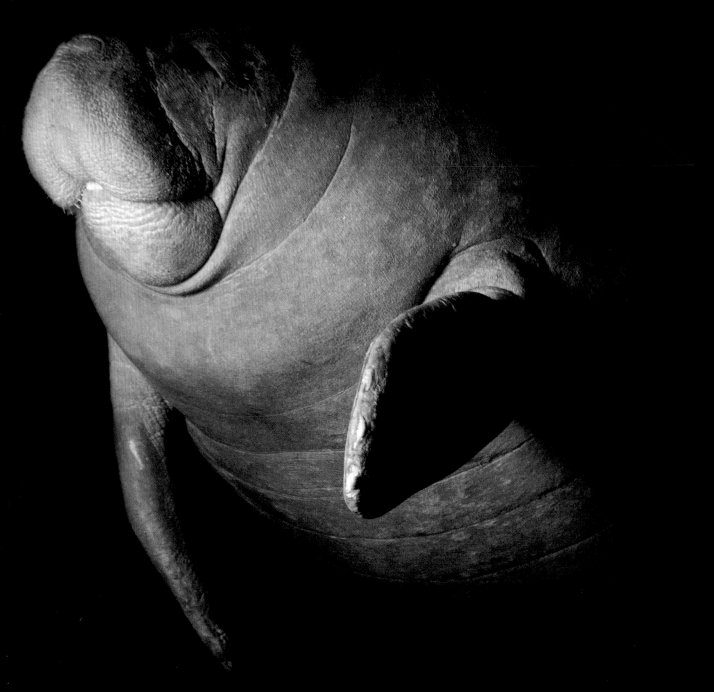

加州海狮（*Zalophus californianus*），无危

巴西彩虹蚺（*Epicrates cenchria*），濒危等级未评估

致地球生命

道格拉斯·H. 查德威克（Douglas H. Chadwick）

在茫茫宇宙中，银河系的一条旋臂上有一颗蔚蓝色的星球，它距离最近的恒星有1.5亿千米。这个距离不远不近，刚好满足了生命孕育的条件。这就是宇宙中所有已知的生命形式共同的家园——地球。跳动、蠕动、萌发、游泳、跳跃、变异、分裂、飞翔、分蘖、求偶……生命的形式在以数不清的方式展现，它们让这颗星球变得富饶，使大气变得富氧。这些都为人类的出现创造了条件。它们滋养了我们的身体，启发了我们的心智。每个生命都是有关如何在这颗星球上生存的完美回答。正因为有了它们，我们的地球才是真正意义上的生命星球。

我们在宇宙中是唯一的吗？或许不是！但我认为许多生命形式是地球独有的，比如神仙鱼和蜜獾，比如老虎，再比如能够阅读的我们。如果地外生命真的存在，你觉得它们会是什么样子？是有一个圆脑袋、长着触手、能随心所欲地改变体色的怪物？还是一群按照一定秩序分工合作的超级生命？抑或是具有固定几何图案的胶状体？等一下，所有这些都可以在地球生命形式中找到，比如有一个圆脑袋、长着触手、能随心所欲地改变体色的章鱼，能够按照一定秩序分工合作的社会性昆虫，以及具有固定几何图案的胶冻状的海参幼体。地球上的各种生命形式尚未被人类完全理解，更不用说那些还没有被发现的生命形式。因此，目前还远未到探索地外生命的时候。

如果你要问地球上究竟有多少物种，答案可能众说纷纭——从几百万种到数千万种不等。这个巨大的跨度折射出一个重要的现实：地球上绝大多数生命形式不仅是微小的，而且是肉眼难以分辨的。那些原生生物、真菌、细菌以及以古细菌为代表的古老的单细胞生物，或潜藏在你家后院的泥土中，或深埋于地下数千米的岩石层中，或游走于暗无天日的海底，或栖于苍翠繁茂的林端——它们或许就飘浮在空气中，在任何所及之处。我们每个人的身体都由上万亿个细胞组成，而寄生在我们身体中的微生物的数量并不比我们身体细胞的数量少多少。这些种类繁多的微生物中的一些对我们的生理活动有巨大的益处。也许你从未想象自己与自然界的关系如此密切，但大自然与你的联系是与生俱来的。此时此刻，你正在一个充满微生物的世界里畅谈我们的生态系统。

大多数人思考大自然时都会情不自禁地想到野生动植物——那些我们闭上眼就能浮现在脑海里的宏观生命形式。地球上现存大约30万种植物，然而已经被植物学家命名的不过三分之二。另外还有约120万种动物已经被人类记述，但科学家推测这个数字只是九牛一毛。这120万种动物中的95%是无脊椎动物，而且大部分是昆虫。

对页图：印度犀（*Rhinoceros unicornis*），易危

所有的脊椎动物，包括大约3万种鱼类、6 000种两栖动物、8 250种爬行动物、1万余种鸟类和5 420种哺乳动物，加在一起只有不到6万个物种。而目前已经记述的甲虫就有35万种之多。与之相比，我们认识的脊椎动物物种数量实在少得可怜。但是对大多数人来说，为数不多的脊椎动物构成了我们所认知的自然界的主体。由于形态、行为和我们人类接近，脊椎动物自然而然地成为我们关注的对象。毕竟，我们有70%的基因和鱼类相似，和其他非人哺乳动物基因的相似度甚至超过80%。我们和其他物种的关系时而友好，时而紧张，时而充满魔幻。它们是我们的至亲，也是我们的一部分。我担心它们的未来，就像担心我们自己不确定的未来一样。为了更全面地了解它们，我一生中的大部分时光都用来造访它们的家园，希望总能在野外见到它们。

　　我曾跟随一支由美国人和阿卡俾格米人组成的探险队在非洲中部刚果盆地的原始热带雨林中跋涉了几个星期。那里随处是高大的植被，它们遮天蔽日，我们仿佛深陷其中。实际上，我们周围每一片能够利用的空间都长满了植物，每一个表面也都布满了地衣和苔藓，蜘蛛、甲虫、蚂蚁随处可见——也许它们中的许多还未被记述。在更远处，一个庞然大物掩映在叶子之后。这是一个真正的庞然大物——非洲森林象。早前，非洲森林象曾被视为普通非洲象的亚种，直到2010年通过基因分析才发现这是一个独立的物种。除了非洲森林象以外，在这片雨林中还生活着包括非洲森林水牛、紫羚、麂羚、水䴗鹿、犀啮蛏、花豹、豪猪以及非洲小爪水獭等在内的许多野生动物。总之，生活在刚果盆地的野生动物远比人们已知的多。

　　虽然那里是无人区，但不乏许多人类的近亲栖息于此，在我们头顶的树冠中就生活着至少11种猴子。大猩猩和黑猩猩几乎在地面上与我们相遇——它们的基因至少96%与人类的一致。我们很可能是这里的动物第一次见到的人类。我记得有一群黑猩猩不断接近我们，在我们周围久久不肯离去，它们的眼中充满着对人类的好奇。

　　几年后，我和海洋生物学家们一起前往位于亚南极区的奥克兰群岛。虽然高山地带被不久前降下的大雪覆盖，但在海岸附近的隐蔽处还是露出些许绿色。枝头上站着几只红冠和黄冠鹦鹉。山坡下可以见到奥克兰群岛独有的大型食草动物、巢穴中嗷嗷待哺的皇家信天翁幼雏、因为不存在天敌而上岸活动的新西兰海狮、不时跃出水面的成群的黄眼企鹅。这个场景让我感觉仿佛又置身于遥远的非洲丛林。

即使没有风浪，仿佛也能听到巨浪拍打的声音。你没听错，那是不远处上百头来自南极海域的南露脊鲸呼吸时发出的声音——这是只有它们自己才能听懂的曲子。和刚果盆地的黑猩猩一样，这些南露脊鲸对我们也充满了好奇，经常来到我们的小船附近——其实我们对它们也是一样。当我们潜入水中一段时间之后，三只南露脊鲸游到我们周围上下打量我这个从没见过的动物，领头的一只甚至触手可及。接下来，另一只游到了我的上方，它的肚皮几乎贴着我的头顶。我真庆幸自己只是在海中遇到这重达80吨的庞然大物！但当我意识到它们的嘴巴有一个货仓那么大时，我更加庆幸自己遇到的不是凶猛的食肉动物！

置身于此，仿佛短暂地回到了从前那个万物丛生的时代！然而，我深知现实当中的每一天都是人类世的延续。越来越多的科学家将地球历史长河的最后一个纪元称为人类世。在这个纪元中，除了地球自身的力量，只有人类一个物种的活动在行星尺度上重塑了地球环境。

1866年，在德国生物学家恩斯特·海克尔（Ernst Haeckel）创造"生态"一词时，全世界只有13亿人口。到了1970年世界地球日确立之时，全球人口达到了37亿——这对于全球生物圈的平衡来说已经是很大的数字了。在接下来的不到50年里，全球人口猛增到了75亿，其结果就是留给其他物种生存的空间和资源越来越少。即使栖息在一些相对理想的环境中的野生动物也因为人们的非法捕猎而迅速减少。

从1970年至2012年的42年间，世界人口翻了大约一番，但地球上生活的大型野生动物的数量减少了一半。而今，地球上90%的脊椎动物是人和他们饲养的家畜。所有大型野生哺乳动物都受到了威胁，在体重15千克以上的食肉动物和体重100千克以上的食草动物中，分别有59%和60%的物种进入《IUCN 濒危物种红色名录》。这些受威胁和濒危物种的数量还在逐年递增，物种灭绝的速率也在逐年加快。现在加上气候变化、创纪录的温室气体排放速度、由于过多吸收二氧化碳而逐渐酸化的海洋环境以及被农业和工业有害物质污染的水体，野生动物正在拼命适应快速变化的地球环境。

抱歉，我不想再列举了。生命在三四十亿年前就已经发迹。在这三四十亿年的历史长河里，物种此消彼长，所以灭绝并不是什么新鲜事。但我想阐述的是为什么物种灭绝的速率在现如今的人类世是过去数十亿年来物种灭绝平均速率的几千倍。如果目前的状况不能得到有效的遏制，三分之一的物种（对于两栖类等脆弱的类群来说可能是二分之一）将会在本世纪末从地球上消失。

每一年，新的灭绝都像是一场场以慢镜头播放的灾难片，不停地上演。从地质学和生态学尺度来说，这更像是一场雪崩或海啸。除非奇迹出现，否则这场灾难的受害者是连我们自己都不清楚的数以万计的生灵，包括那些我们甚至未曾谋面的、可爱灵动的地球生命。这就是我们赖以生存的地球上正在发生的劫难。

　　诚然，我们的确很难体会自己未曾经历的遭遇。然而我多么希望人们能够毫无顾虑、毫无距离感地亲眼见到这些可爱的动物，能够记住它们的颜色和模样，了解它们得以幸存的策略，见证大自然的奇妙设计。凝视那些未被驯服的眼睛，并在相互凝视的过程中找到我们和它们之间彼此相通的感受。如果我们能做到这一点，我们就会想尽一切办法来拯救它们。我真的相信我们能做到这一点。更重要的是，乔尔·萨托也相信！

　　在结束报社摄影记者的工作后，乔尔开始了美国国家地理学会图片摄影师的职业生涯。随着时间的推移，他承担了越来越多的有关自然历史题材的摄影工作，并因将人像摄影中独具匠心的表现手法运用在野生动物摄影中而声名显赫。的确，（一位摄影师）如果在人类世无法与那些濒临灭绝的物种面对面地接触，就可能无法捕捉到更多有关野生动植物的故事。

　　孩童时期的乔尔曾被最后一只（野生的北美）旅鸽玛莎的照片深深打动。1914年，玛莎死在了辛辛那提动物园的鸽舍里，享年29岁。它的死敲响了曾在北美洲天空中翱翔的数亿只旅鸽的丧钟。4年后，最后一只卡罗莱纳鹦鹉死在了同一只笼子里，丧钟再度鸣响。一个世纪后，乔尔在拍摄侏兔以及中美洲的巴拿马树蛙等濒临灭绝的动物时，时常想到或许自己拍摄的某一张照片也会成为某个孩子童年记忆里挥之不去的遗憾。他们也许会问到："妈妈，这些动物怎么了？为什么它们会永远离开我们？"

　　乔尔告诉我，他从来都不喜欢看到生命消逝。他说："我并不感到沮丧！我只是不知所措。因为我可能是最后几个见过它们的人之一，我只是想用相机记录下它们最后的样子，好让其他人有机会知道它们到底长什么样。趁它们还在这个世上，尽可能多地看看它们。"的确，这就是乔尔最初的想法。一场动物世界的盛会就这样拉开了帷幕！一张、两张、一组、两组……这些照片记录了地球生命的繁荣。看吧！来认识每一个生命！高大的棕熊，美丽的鸟儿，淡水珠蚌，锹脚蟾蜍……它们都是我们即将失去的伙伴。

　　有这么多物种，其中许多难逃灭绝的厄运。乔尔希望能用一种捕捉每个物种自然状态的方式来拍摄世界各地的野生动物，因此他没有多少时间可以浪费。他清楚在野外要想拍摄一张理想的野生动物图片，通常要花费几天的时间，对于那些罕见和难以捕捉到的动物来说，花费的气力还要大得多。有些动物在野外已经灭绝，因此，对于乔尔来说最好的方式还是拍摄那些圈养的动物和博物馆的藏品。

对于乔尔来说，拍摄圈养动物要轻松许多。他可以把动物放在纯色的背景里摆拍，也可以调整光线捕捉每一个感兴趣的细节。不仅如此，在中性背景中拍摄出来的动物，无论真实的大小多么悬殊，都能以大致相当的尺寸展现，犹如它们在生态系统中扮演了同等重要的角色一般。比如，大象被誉为森林中的"建筑师"。这些庞然大物在茂密的林中踩出小路，通过剥取树皮和食物开辟空地。与此同时，大象通过取食植物的果实，将包裹在粪便中的种子散播到其他地方，进而维持了植被的多样性。然而，森林中的果蝠和蚂蚁等所谓的"小型建筑师"在传粉和维持植被多样性方面同样功不可没。谁又能否认这些"小型建筑师"发挥的重要作用呢？

有时候，乔尔也会寻找那些寄养在救助中心的动物或者私人繁育的动物作为拍摄对象。要么他就和每年全世界1.75亿人一样，只能到动物园中欣赏动物了。如今，全世界的动物园数量超过了10 000座，不同的动物园会根据游客的兴趣选择饲养不同的动物品种（供游客观赏），包括一些极其稀有的种类。但是，不同动物园的运营模式也是有区别的。比如，有的动物园是完全开放的，游客可以观赏动物在野外生活的状态，另外一些可能连动物生存的基本条件都难以满足。为了拍摄，乔尔几乎走遍了所有经过美国动物园和水族馆协会（AZA）或世界动物园和水族馆协会（WAZA）认证的机构，所有这些机构都会根据双方的约定按照标准为动物提供必要的照顾和管理。它们中的许多还参与了极度濒危物种的繁育计划，并成为某些濒危动物唯一的生存家园。尽管人工繁育野外放归计划的实施效果不甚令人满意，但也有成功的案例，比如将（人工繁育的）普氏野马成功地放归它们的野外栖息地蒙古高原。除此之外，许多机构的保育技术也在逐年提高（这些进展值得欣慰）。许多国家的动物园还为野生动物的保护和研究项目提供经费支持。另外一些做法更加前卫，它们在展览中设计一些环节鼓励参观者为正在展示的动物保护项目捐款。

总之，目前在全世界的动物园当中生活着大约12 000种动物（由于统计口径不同，不同的统计结果略有差异）。如果算上不同的变种和亚种，这个数字大约可以上升至18 000种。乔尔希望自己尽可能多地用镜头记录它们，包括1 000多种极度濒危的物种。如今，乔尔已经年过半百，投身于影像方舟系列的拍摄也有一段时间。在此期间，他积累了6 000多种动物的影像素材，并且希望自己在有生之年还能为影像方舟系列再拍摄5 000~6 000种动物。他说："在我老到无法拖着沉重的摄影器材环游世界之前，我一直认为我还能像这样连续工作25年。当我意识到我的工作对保护这些地球生命有多么重要时，我必须加快速度。"

与乔尔合作完成了多个美国国家地理拍摄任务以及多部美国国家地理有关美洲濒危物种的系列丛书后，我了解他对自己的摄影工作有多么痴迷。但另一方面，我从来没有完全理解他是如何让读者（通过图片）感受到超越图片的内涵的。在按下快门的瞬间，乔尔只有几毫秒的时间感知镜头中拍摄对象的性情、动作和表达的情感。他的作品很少是冷冰冰的"标准照"，相反能让人们感受到拍摄对象与摄影师之间的互动。

无论是家中的宠物还是枝头的鸟儿，我们都曾在不经意间被彼此的真实联系触动。乔尔能够一次又一次地准确捕捉到这种感受，并通过自己的摄影作品让这种感受被后人感知。这就是本书中的每幅图片所蕴含的生命的力量！或伤感，或幽默，更多的是惊讶，但总能真切地直面冲突的本质。尽管我本人是一名野生动物学家，

曾造访过世界上的不同国度，但这本书中记录的许多动物及其背后的故事都是我之前从未知晓的，比如千千万万像旅鸽玛莎一样的故事。但一艘方舟最重要的是能够承载拯救生命的使命，我们策划本书的意图正是帮助公众建立保护动物的认知，延迟它们可能遭遇的灭绝。除此之外，方舟还是一种象征，它体现了在现代文明的自然平衡被重新建立的后灾难时代，人类重建完整、繁荣自然界的愿望。

5种现存犀牛都面临灭绝！苏门答腊犀只剩下不到100头，而爪哇犀的数量估计最多只有60头。一个共识是这些身披铠甲的庞然大物经历亿万年的演化，到如今已为现代世界的孑遗。它们的确是最早出现的哺乳动物之一，除了没有演化出对猎人子弹的免疫力之外，它们与现代自然界之间并不存在太大的冲突。能够让这些演化了亿万年的动物一直生活在地球上，也算是对我们竭尽所能拯救每一个濒危物种的奖赏。

人们经常会问，我们为什么要为了拯救某个物种而制造这么多麻烦？拯救这些物种对我们又有哪些好处？一个最好的答案就是有助于维持生物多样性——生活在一个区域的全部物种以及它们之间的相互作用，并有助于维持生态系统的自我调节能力。这句话的意思就是生

物多样性能够在生态系统受到飓风、干旱、森林大火、病虫害等短期破坏的情况下保持一定的自我修复能力，并且能够更好地应对不断变化的自然环境。那些生物多样性高的生态系统在很长一段时间内往往会保持相当高的稳定性，而物种的灭绝会破坏生态系统的稳定性，使其失去平衡并导致生产效率持续下降。

无论是区域性还是全球尺度的生物多样性降低，不仅仅是你留给子孙后代的东西变少这么简单的问题。令人遗憾的是，这些重要的生态学概念对公众来说相当晦涩，或者说这些概念因为更多地基于生态学理论而非常识，所以难以理解。当环保主义者被问及为什么要花这么大的力气来保护这个而不是那个物种时，答案通常是"因为你永远不知道哪个物种具有神奇的物质能够治疗癌症"（这样的回答也许更容易理解）。几十年前，这个想法被认为是一厢情愿，但最近的科学研究证实这样的物种的确存在。比如，从一种名叫红豆杉的植物中提取出的紫杉醇对于治疗乳腺癌、卵巢癌和肺癌十分有效。除此之外，从原产于马达加斯加的长春花中提取的一种生物碱可以有效缓解白血病和霍奇金淋巴瘤的症状。

鉴于动植物种类繁多，生物医药公司已经在全世界范围内寻找和保护那些可被用于治疗疾病的物种，并且已经在蝎子、海兔、海绵和带毒的腹足类中发现了令人惊讶的药用化合物。本书的每一位读者都可能与那些利用其他生物治疗疾病的人有关。生物多样性已经在拯救人类生命方面显现出价值，它必将在改善人类生活和延长人类寿命方面发挥更大的作用，但前提是我们要保护地球生物的多样性。

某些种类的哺乳动物、爬行动物、两栖动物、昆虫、节肢动物以及软体动物都会经历长度不等的冬眠或夏眠。这启发生理学家们探索治疗肾脏疾病、肝脏衰竭和各种代谢疾病的方法，启发科学家们探索让宇航员在漫长的太空旅行中短暂休眠的方法，启发产业工程师寻找新的黏合剂、结构材料，设计能够降低阻力与湍流的船只和飞机部件，开发新型包装材料和光学滤镜，提出基于蚁群的社会行为的高效城市交通模型。总之，这样的例子不胜枚举。

地球上数百万种生物用以储存遗传信息的DNA（脱氧核糖核酸）是一套经历了历史检验的、用以指导和获取指令的复杂系统，我们在未来会高度依赖这个系统。这个分子编码系统是我们已知可用的最大的数据存储系统，并且基因工程技术的发展依然在不断拓宽人类对这套分子编码系统的理解。大量的物种在极其短暂的地质历史中持续消亡，意味着遗传信息一个接一个不停地被从自然基因库中清除，并且这种清除是永久性且无法恢复的。因此，作为以智慧生命自居的人类，我们除了按下核战按钮以外，的确没有什么行为比漠视物种的消亡更加愚蠢和短视的了。

物种的野外价值更值得保护！人们出于各种动机拯救野生动物，而且重要的是一直没有放弃。举几个简单的例子，人们在北美洲再一次见到了野生美洲鹤、美洲野牛、黑足鼬和美国短吻鳄的身影，在非洲再一次见到了野生猎豹，在中国再一次见到了野生大熊猫。2008年，乔尔曾担心再也无法见到生活在哥伦比亚盆地的濒危动物侏兔。在这之后仅存的一只侏兔与亲缘关系相近的亚种在圈养条件下杂交出许多后代，其中的一些被重新放归哥伦比亚盆地，而今已有迹象显示它们在原有的栖息地重新建立了种群。

如今，几乎每个国家都建立了国家公园以及自然保护区（用以保护濒危野生动物）。而更为宏大的保护计划旨在在现有的保护区之间建立通道，通过国家内部和国家间的联系，使动物能够沿通道自由地迁徙，基因能够自由地交换，使它们抵御小范围破坏的能力大大提高，同时降低近亲繁殖带来的不利影响。

在此之前，没有任何生命经历过人类的大规模扩张，甚至连我们自己都不清楚未来去向何方。我们唯一清楚的是，地球生命正在面临可怕的危机。然而，再严重的警告都无法改变现状，唯一的希望只有靠那些相信一切能够改变的人类。

我们能做到！作为拥有高等智慧和意识的人类，我们绝对可以！当我思考如何才能避免我们的生态系统通过难以察觉的缓慢破坏而非突然的崩溃给我们和我们的后代带来严重后果时，我感到迷茫。当我们失去这里的点滴美丽、那里的点滴奇迹，失去优雅的身影，失去兴奋的冲动，失去了强劲的体魄，失去了曼妙的求偶舞步，失去了激烈的争斗，失去了雄鹰展翅的蓝天，失去了海豚跃起的瞬间，失去了孔雀开屏的灵动，也不会再有鸟儿的晨歌时，我思考我们的灵魂怎样才能得到安抚……

没有了这些，我们能否生存下去？从某个角度来说，当然可以！问题是没有了它们，我们的幸存有何意义？没有了它们，我们又何以称为人类？如果没有那些曾经塑造我们祖先的反应、本能和思想的其他生命形式，我们该如何理解我们来自哪里，我们到底是谁？抑或，如果地球上的生命越来越少，直到我们凝视任何一个方向时只能看到我们自己的时候，我们该去向何方？至少现在，我们还能看到这些动物。

究竟有多少美丽的生命会在我们的注视下消失？答案可能是成千上万甚至是数百万！这是有原因的，只不过这不是放弃它们的理由。最重要的和唯一持久的价值，也是对于我们人类来说最珍贵的，是奠定了我们这颗蔚蓝星球在宇宙中特殊位置的生命价值！看吧！◆

对页图：白眶绒鸭（*Somateria fischeri*）[雄性（前），雌性（后）]，无危

对页图：山魈（*Mandrillus sphinx*），易危

德比花甲虫（*Dicronorrhina derbyana*），濒危等级未评估

郊狼（*Canis latrans*），无危

这些投射在梵蒂冈圣彼得大教堂上的郊狼幼崽是路易·西霍尤斯（Louie Psihoyos）执导的纪录片《竞相灭绝》2015主题灯光秀的一部分。与之类似的还包括2015年纽约帝国大厦以及2014年联合国大厦举办的主题灯光秀，所有这些活动都旨在增强公众的动物保护意识。

建立影像方舟

乔尔·萨托（Joel Sartore）

说起最初的创作灵感，要从我的太太凯西（Kathy）被诊断出乳腺癌开始——那真是不堪回首的岁月。

那是在2005年的感恩节前，所有的事情都来得突然，对于我们来说的确没有什么可感恩的。我很担心凯西会离开我们。我们有三个孩子，最小的只有两岁，我很担心我会成为一个糟糕的单亲爸爸。更糟糕的是我担心凯西不在了，我一个人无法打理日常的生活，我们的家庭可能也就此完结。

算下来，我为美国国家地理拍摄图片已经有25个年头了。在这期间，我每次出差差不多都要离家数周，到世界各地完成拍摄任务。从阿拉斯加的苔原到南极的冰原，从玻利维亚的热带雨林再到赤道几内亚的黑沙滩，我造访的地方越多，就越能深切地感受到世界各地野生动物面临的困境。人类的活动正在深刻地改变气候和地表状态，而我想要拍摄的野生动物也在逐年锐减，在不久的将来有些种类也许会完全绝迹。

在为美国国家地理做摄影记者的日子里，我很少有闲暇的时间。然而现在我需要和我的家人在一起，我愿意花时间陪伴他们。在凯西接受治疗的日子里，"死亡率"一词经常在我的脑海中闪现。除了思考凯西的病情以外，我也在思考我看到的动物的遭遇。如果她的情况

好转，我们就有超过一半的可能性生活下去。我一直很努力地进行拍摄，但这对于野生动物的保护来说无济于事。如果我想做出一些改变，那么必须趁现在。我思考自己要怎样做才能改变现状，如何才能得到公众的关注。

我想到了爱德华·柯蒂斯（Edward Curtis）反映北美印第安文化衰落的摄影作品，想到了约翰·詹姆斯·奥杜邦（John James Audubon）绘制的一幅幅鸟类画作。我觉得我也可以做些什么唤醒公众对保护野生动物的重视。

我开始尝试联系距离我在内布拉斯加州居所不到2 000米远的林肯儿童动物园，看看他们是不是愿意让我拍摄园内圈养的动物。我首先选择了一个四平八稳的拍摄主题，然后从生活在东非干旱地区的小型啮齿动物裸鼹鼠（本书第320~321页）开始入手。起初，我们把一只裸鼹鼠放在动物园厨房的白色案板上进行拍摄，整个创作就是从这里起步的。

到今年，我坚持拍摄了差不多15年，凯西的病情也没有继续恶化。作为父亲，我做的也没有原先想象的那么糟糕，只是这些年手头并不算宽裕。虽然生活并不轻松，但这段经历也给我们带来一些转变：我们开始学着敬畏每一天，我也终于有时间静下来思考自己如何通过摄影来影响这个世界。

对页图：褐喉树懒（*Bradypus variegatus*），无危

这就是我最初创作影像方舟的故事，一个更为宏大的故事随之而来。影像方舟的创作源泉是在绝望之中渴望阻止或者至少减缓全球生物多样性丧失的愿望。栖息地的破坏、气候变化、污染、偷猎和过度消费都是导致世界各地动植物数量锐减的原因。在地球历史的长河中，类似的事件的确曾经出现过。只不过那些都是由冰河时期气候波动或地外天体的撞击等自然事件触发的，而当下的危机源于人类的活动。如果不对现在的情形加以遏制，地球上一半的物种都会在2100年到来前消失。

我不能袖手旁观。因此，从本质上讲，这本书就是世界动物物种的一部影集，其中的许多物种很可能会在我们的有生之年从地球上消失。因此，从另一个角度说，这本书也是动物和能够拯救他们的人类之间的一种视觉联系。

就照片本身而言，它是一种摄影棚风格的肖像画。而我之所以喜欢摄影是因为它能够无差别地表现拍摄对象。比如，乌龟和兔子可以用同样的方式表现，小老鼠也可以被拍得和北极熊一样大小。当这些动物被放在纯黑色或纯白色的背景中拍摄时，我们有机会看着它们，并感受它们的美丽、优雅和智慧。

我用15年时间以这种方式为动物拍摄"肖像画"，

> **"我觉得自己就是一位动物形象大使，一个无声者的代言人。"**

目的是在有生之年用镜头记录下世界上超过12 000种人工圈养的动物。2016年5月，我拍摄了第6 000种动物——一只生活在新加坡动物园中的长鼻猴。完成如此庞大的项目需要时间，我致力于这个创作已经有十余年，未来我将竭尽所能坚持下去。

我觉得自己就是一位动物形象大使，一个无声者的代言人。我认为摄影是唤醒公众的野生动物保护意识的最好方式，毕竟人们无法拯救他们不知道的事物。如果人们见过这些动物，他们就能知道哪些动物的处境危险。我希望人们能够了解得更多并用他们自己的方式改变局面。

说到这里，难道还不足以让我们停止无休无止的挥霍，阻止成千上万的物种在几十年内灭绝吗？我没有答案。目前，我唯一确定的就是，如果我们不能改变自己的行为方式，就会被我们的子孙唾弃。

当我们拯救其他物种时，我们就是在拯救自己。虽然难以察觉，但我们的生活离不开大自然。健康的森林和海洋调节着气候，所调节的不仅仅是温度，更重要的是降水量、飓风和龙卷风等极端天气事件发生的频率，以及气溶胶中各种化学成分的平衡。蝴蝶、蜜蜂等传粉昆虫对于粮食的生产至关重要。动物们还一刻不停地帮助我们认识这个丰富多彩的世界。比如，海豚和鹦鹉也可以彼此交流，北极地松鼠也会冬眠奥秘，淡水贻贝也会受到污染。

除了这些以外，保护世界的生物多样性还有一个崇高的理由：每个物种都历经了亿万年的演化，它们是独特的，也是无价的。每一个物种都是大自然创造的艺术品，它们丰富了我们的世界，这一点无可取代。

我们生活的时代充满了无尽的可能性，而时间是关键。没有人可以拯救世界，但是我们每一个人都可以对世界产生有意义的影响。这本书中的许多物种是可以被拯救的，但需要消耗大量的热情和金钱。这些动物需要人们的一些关怀，另一些可能因为十分脆弱而难以得到保护。不过每一分努力都不会白费，意识到问题就是解决问题的第一步。

对我来说，最重要的是在我的生命即将结束时，我能够对自己为这个世界做出的改变感到满意。在我死后，这些照片还能为动物保护尽一份力。能做到这些，此生无憾。

你呢？ ◆

有关动物濒危等级的注释：

世界自然保护联盟（IUCN）是致力于可持续发展的全球性组织。《IUCN濒危物种红色名录》是基于动植物物种面临灭绝的危险而做出的总和评估。在整本书中，每个物种当前的濒危等级都列在其拉丁文学名之后。

灭绝: *Extinct*，EX

野外灭绝: *Extinct in the Wild*，EW

极危: *Critically Endangered*，CR

濒危: *Endangered*，EN

易危: *Vulnerable*，VU

近危: *Near Threatened*，NT

无危: *Least Concern*，LC

数据不明: *Data Deficient*，DD

濒危等级未评估: *Not Evaluated*，NE

编者按：

除非特殊注明，本书中的图片均由乔尔·萨托拍摄。

第1章 ▶◀

映像

大自然的映像无处不在，而映像可以帮助我们感知每个动物。环顾四周，在眼花缭乱中找出点滴的相似和联系。在镜子里看自己是第一步，然后学会共情、同情和感受彼此的存在。最后，超越自我并检视连接物种的纽带是出于偶然还是因生物学的需要而存在。

在本章中，你将会看到自然界中不同生物的映像。独特组合会让你深入理解不同物种之间的联系。看到这里，或许你会感到一丝趣味。

在本章中，你将会看到瞪大眼睛的蜂猴和虎纹树蛙，歪着头的母斑光螳螂和北极狐，站在枝头上的一对安哥拉蓝饰雀，以及酷似我们自己的黑猩猩。此外，王鹫橙红色的肉垂酷似印度犀正在萌出的角，蚂蚱和螽斯拥有海生甲壳类的模样，破坏者螯虾和魔花螳螂张开前肢使用一样的动作进行防御。看，熊狸的胡须（毛发）和须海雀的唇须（羽毛）是不是有几分相似？

每每凝视它们，我们很难摆脱拟人化——我们很自然地会用人类的态度和先入为主的认识思考我们和它们的关系。从它们的眼中，我们读懂了其他生命。它们彼此相似，和我们也没什么两样。◆

对页图：凤头林鹮（*Lophotibis cristata*），近危
"有些时候，鸟儿并不反感拍摄者，它们照旧做着该做的事。"
第35页图：牟氏水龟（*Glyptemys muhlenbergii*），极危；绿蓝鸦（*Cyanocorax yncas*），无危

对页图：虎纹树蛙（*Phyllomedusa tomopterna*），无危

译者注：*Callimedusa tomopterna* 为有效种名，
Phyllomedusa tomopterna 为 *Callimedusa tomopterna* 的同物异名。

蜂猴（*Nycticebus bengalensis*），易危

山魈（*Mandrillus sphinx*），易危

这只幼年山魈被拍摄于赤道几内亚的一个
野味市场上，这应该是它第一次从相机滤
镜的反光中看到自己的模样。

圣安德鲁海滩鼠
（*Peromyscus polionotus peninsularis*），无危

"圣安德鲁海滩鼠每一个亚种的毛色和纹路都与
其生活的沙滩相吻合。这只圣安德鲁海滩鼠在整
理它的胡须。虽然这只是一种安慰性的行为，但
我认为它可能有点害羞。"

安哥洛卡象龟（*Astrochelys yniphora*），极危

"你现在看到的是世界上最稀有的乌龟——安哥洛卡象龟。这4只安哥洛卡象龟是海关罚没的走私品，它们被送往亚特兰大动物园寄养。如果你凑近看，就会发现其中一只的个头比较大。"

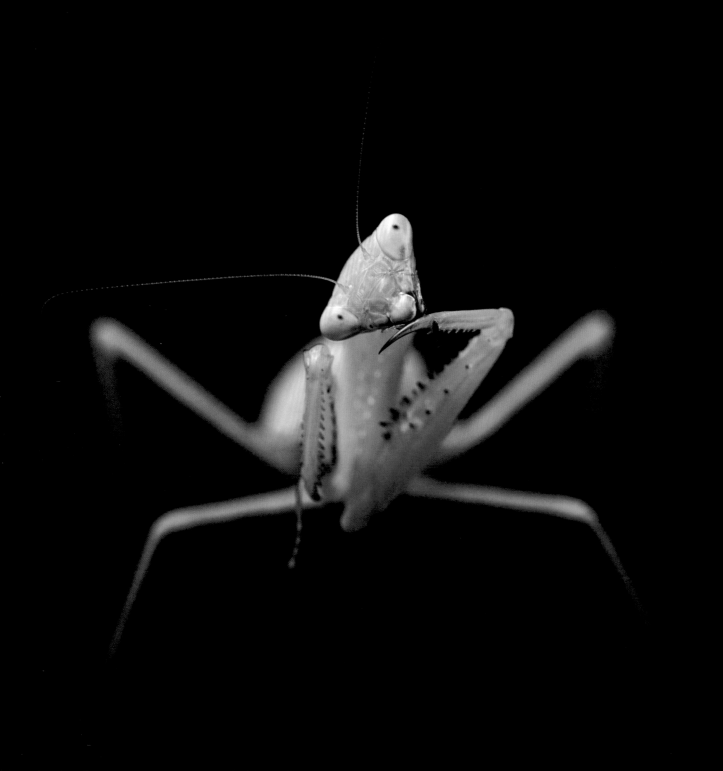

母斑光螳螂（*Miomantis caffra*），濒危等级未评估

44

北极狐（*Vulpes lagopus*），无危

"这张北极狐的照片可不是摆拍的。无奈之下，我学猪叫吸引它歪头望向镜头，我顺势按下了快门。"

眼镜鸮（*Pulsatrix perspicillata*），无危

"它在这张照片的拍摄过程中打瞌睡，实际上在这张照片中它的眼睛已经闭了一半。"

德氏长尾猴
（*Cercopithecus neglectus*），无危

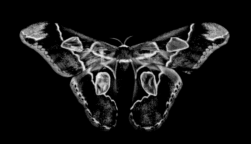

上（从左向右）：布瓦杜瓦尔蓝蝶（*Aricia icarioides pheres*），濒危等级未评估（博物馆藏品，推测野外已灭绝）；
福布斯蚕蛾（*Rothschildia lebeau*），濒危等级未评估；白基鳌蛱蝶（*Charaxes varanes*），濒危等级未评估
中（从左向右）：蓝边美灰蝶（*Eumaeus atala*），濒危等级未评估；小蓝闪蝶（*Morpho aega*），濒危等级未评估
（博物馆藏品，推测野外已灭绝）；青鼠蛱蝶（*Myscelia cyaniris*），濒危等级未评估
下（从左向右）：黄裙袖蝶（*Heliconius ismenius tilletti*），濒危等级未评估；菜粉蝶（*Pieris oleracea*），濒危等级未评估；
北美大黄凤蝶（*Papilio glaucus*），濒危等级未评估

上（从左向右）：统帅青凤蝶（*Graphium agamemnon*），濒危等级未评估；黑框蓝闪蝶（*Morpho peleides*），濒危等级未评估；白条蓝鼠蛱蝶（*Myscelia ethusa*），濒危等级未评估
中（从左向右）：纹白蝶（*Ascia monuste*），濒危等级未评估；达摩凤蝶（*Papilio demoleus*），濒危等级未评估；褐纹蛱蝶（*Anartia jatrophae*），濒危等级未评估
下（从左向右）：银纹红袖蝶（*Agraulis vanillae incarnata*），濒危等级未评估；绿鸟翼凤蝶（*Ornithoptera priamus*），濒危等级未评估；绿帘蛱蝶（*Siproeta stelenes*），濒危等级未评估

> "当你凝视这只猩猩时，你会发现我们彼此竟是如此相似。"

黑猩猩（*Pan troglodytes*），濒危

"虽然这只黑猩猩被饲养员养大，但它还是不太愿意配合我们的拍摄。所以，饲养员只能扶着它的腰，这样能让它获得更多的安全感，甚至愿意对着镜头变换姿势。"

王鹫（*Sarcoramphus papa*），无危
对页图：苏门答腊犀（*Dicerorhinus sumatrensis*），极危

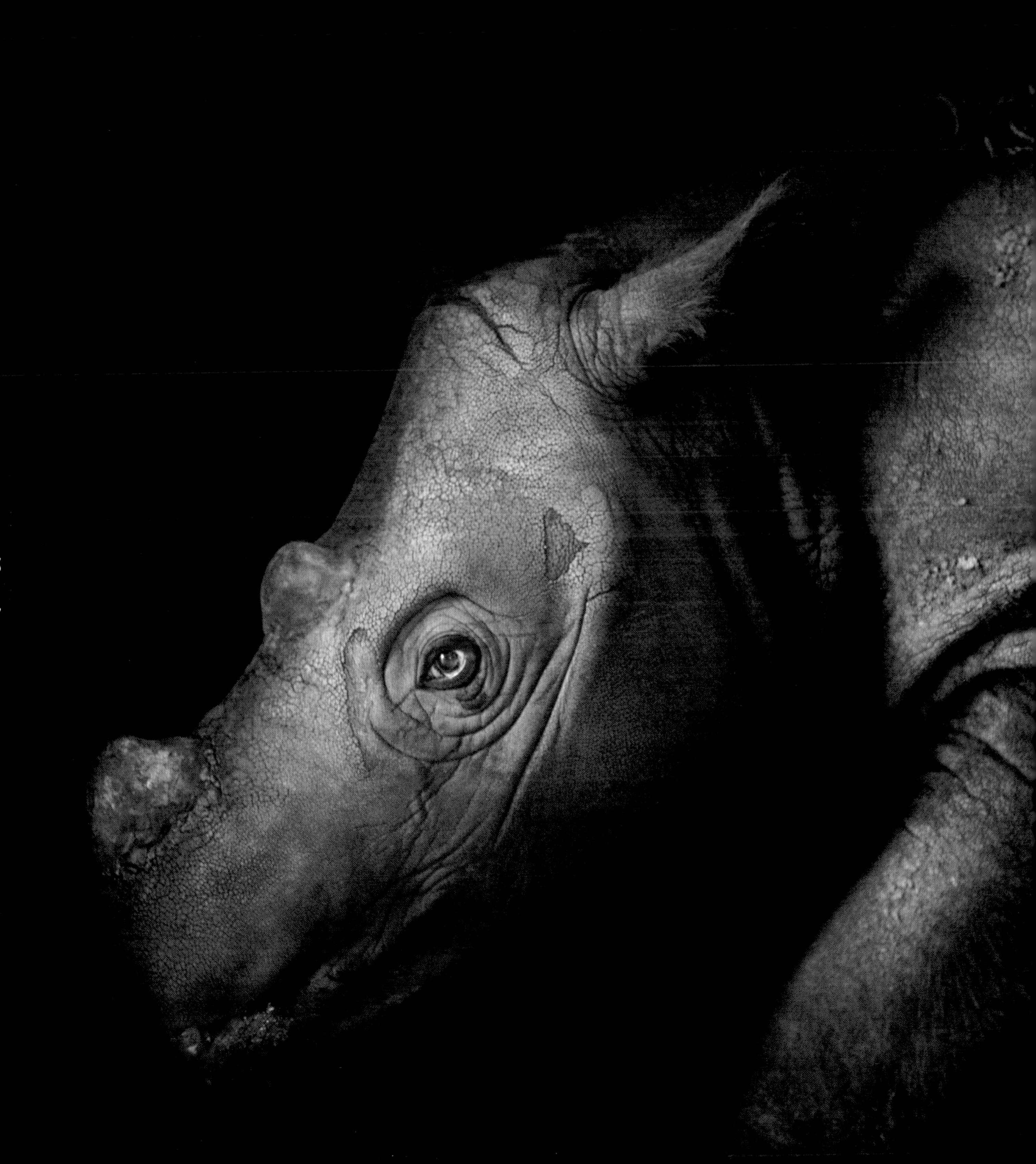

动物保护使者

杰克·鲁德洛

佛罗里达州帕纳西亚

墨西哥湾海洋生物实验室

杰克·鲁德洛（Jack Rudloe）对海洋和海洋生物的热爱始于他在纽约布鲁克林度过的童年时代。他如此痴迷，以至于曾经偷偷跑到科尼岛当时尚未完工的纽约水族馆去观察白鲸和其他海洋生物。从那时起，鲁德洛将毕生的精力投身于海星、海葵以及等足类等海洋濒危动物的宣传、保护和教育事业。

出于对保护和研究海洋生物的热爱，鲁德洛和他的妻子安妮（Anne）在位于佛罗里达州的帕纳西亚教育中心成立了墨西哥湾海洋生物实验室，每年为数以千计的学生提供有关墨西哥湾海洋生态系统的知识。学生们可以在这里了解海洋生物如何在码头周边建设它们的家园，实验室还会以流动展示的方式将海洋生物送到孩子们的面前，让他们有机会亲手触摸各种各样的海洋生物。用鲁德洛的话说，他的目的就是用这种方式让孩子们"认知自然"。他说："保护自然的真正动力是孩子们成长的经历。"

鲁德洛颇具感染力的态度成就了他传奇的一生，他对章鱼有着爱恨交加的复杂情感。他说："你很难对付一种比你还聪明的动物。"为了纪念鲁德洛为海洋生物保护做出的贡献，一种新的箱水母以鲁德洛的名字命名。20世纪60年代，鲁德洛在马达加斯加海岸采集到这种水母。后来研究人员在史密森尼研究所的馆藏中重新找到这批标本，并将其命名为鲁德洛箱水母（*Chiropsella rudloei*）。

> "无论它们是否喷墨、是否蜇人、是否发出咝咝声、是否吐泡泡，它们都是无脊椎动物。我对它们喜爱有加。"
>
> ——杰克·鲁德洛

对页图：双带海星（*Luidia alternata*），濒危等级未评估
小棘海星（*Echinaster spinulosus*），濒危等级未评估

杰克·鲁德洛站在佛罗里达帕纳西亚教育中心的一条装满螃蟹的木舟前。这个教育中心是鲁德洛和他的妻子安妮出资创办的。杰克觉得这些小螃蟹非常有意思。

伪装 ▶◀

乔尔说这只乌贼（见第59页）非常小，大概只有半个拇指大。但在一个白色的背景下，它身上的每一个斑点都十分醒目，看上去和非洲豹身上的斑点有几分神似。颇为神奇的是，非洲豹生活在非洲广袤的稀树草原上，而乌贼生活在大海中，但两种动物都靠身上的斑点作为伪装。伪装能够帮助它们摆脱天敌的追捕，同时也能防止猎物发现它们。

非洲豹（*Panthera pardus pardus*），易危

夏威夷短尾乌贼（*Euprymna scolopes*），数据不明

黑叶猴（*Trachypithecus francoisi*），濒危

"当我们保护别的物种时，我们也是在保护自己。"

鹿趾贻贝（*Truncilla truncata*），濒危等级未评估

圆眼珍珠蛙（*Lepidobatrachus laevis*），无危

"在拍摄时，这只圆眼珍珠蛙像猫一样嚎叫，威胁工作人员。实际上，圆眼珍珠蛙的牙齿非常锋利，而且能够吸血，所以激怒它并没有什么好处。这只圆眼珍珠蛙大约有一个棒球那么大。"

63

大绿金刚鹦鹉（*Ara ambiguus*），濒危

军金刚鹦鹉（*Ara militaris*），易危

大王具足虫（*Bathynomus giganteus*），濒危等级未评估

拉河三带犰狳（*Tolypeutes matacus*），近危

美洲红鹳（*Phoenicopterus ruber*），无危

"为了拍摄，我们将一群美洲红鹳置于黑色背景中，在这里它们只能看到彼此。"

黑喉巨蜥（*Varanus albigularis ionidesi*），
濒危等级未评估

纹袋貂（*Dactylopsila trivirgata*），无危

菊花海葵（*Condylactis gigantea*），濒危等级未评估

灰冠鹤（*Balearica regulorum regulorum*），濒危

豹猫（*Prionailurus bengalensis chinensis*），无危

白头海雕（*Haliaeetus leucocephalus*），无危

拍摄花絮

俄克拉何马城动物园

当我提出拍摄这头名叫玛丽·安（Mary Ann）的美洲野牛时，俄克拉何马城动物园的工作人员认为这不可能完成。他们说，这头雌性美洲野牛非常暴躁，难以控制，如果我们执意要拍摄，那么很可能受伤。但是，当我们把一些可口的桑叶放在地上时，这头美洲野牛非常配合乔尔的拍摄。

乔尔解释道："这组照片记录了我们当时拍摄美洲野牛前的准备过程。为了让拍摄对象放松，我们特意挑选了美洲野牛熟悉的环境——每晚过夜的兽舍。因此，在拍摄过程中，这头美洲野牛相当从容！"◆

> "这头名叫玛丽·安的美洲野牛嚼着树叶走到镜头前，它看着我的样子真酷。"

乔尔已经准备好仰拍这头美洲野牛，以表现它伟岸的身姿。为了完成拍摄，工作人员还用无毒的白色油漆粉刷了地面。

俄克拉何马城动物园的一位管理员用手指着乔尔拍摄时所用的灯光和电缆。将设备隐藏在天花板中的目的是使美洲野牛感到舒适且不易受到惊吓。

拍摄这头名叫玛丽·安的美洲野牛，关键在于把它熟悉的兽舍改造成为摄影棚。乔尔和他的团队把所有拍摄设备隐藏在天花板上面，这样在拍摄时就不容易惊扰到拍

美洲野牛（*Bison bison*），近危

幸存者的模仿 ▶◀

乍看上去，黄裳猫头鹰环蝶翅膀上的眼斑和猫头鹰（大雕鸮，见第81页）的眼睛一模一样。科学家认为黄裳猫头鹰环蝶演化出酷似猫头鹰面孔的翅膀图案是为了迷惑捕食者，让它们误以为这不是它们想要的猎物。尽管猫头鹰处于食物链的顶端，也没有真正意义上的天敌，但它们需要面对来自人类的威胁。这只差点被电线电死的大雕鸮（见第81页）在位于内布拉斯加州贝尔维尤的一家猛禽保护中心得到救治。由于它的大脑受损，它很可能再也无法回到野外。

黄裳猫头鹰环蝶（*Caligo memnon*），濒危等级未评估

对页图：大雕鸮（*Bubo virginianus*），无危

亚洲龙鱼（*Scleropages formosus*），濒危

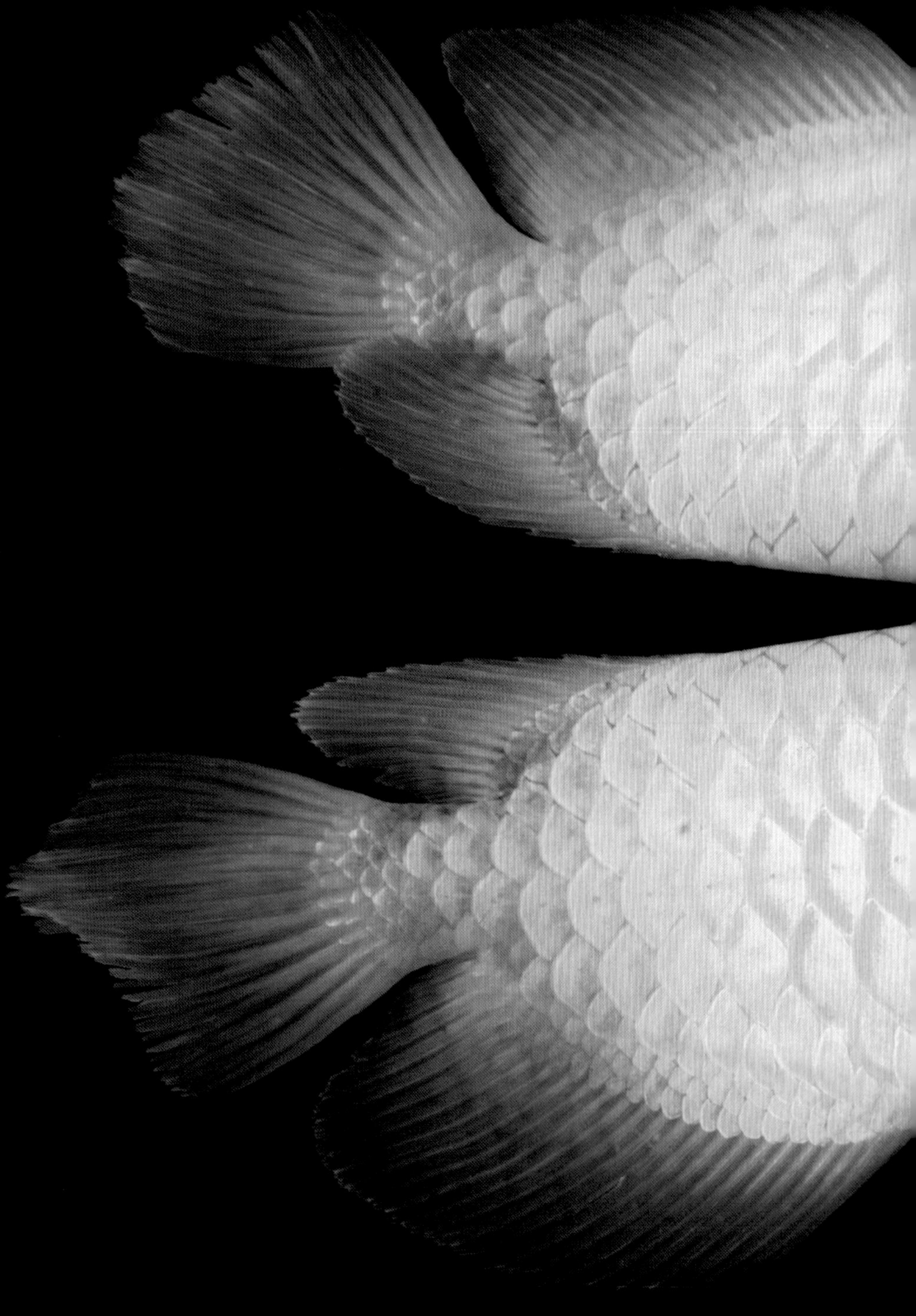

红腹美狐猴（*Eulemur rubriventer*），易危

蓝眼黑美狐猴（*Eulemur flavifrons*），极危

"蓝眼黑美狐猴特别喜欢在休息或感到寒冷的时候把尾巴盘
在身体周围。当然，当它不确定眼前的这位摄影师的企图
时，它又把尾巴盘了上来。"

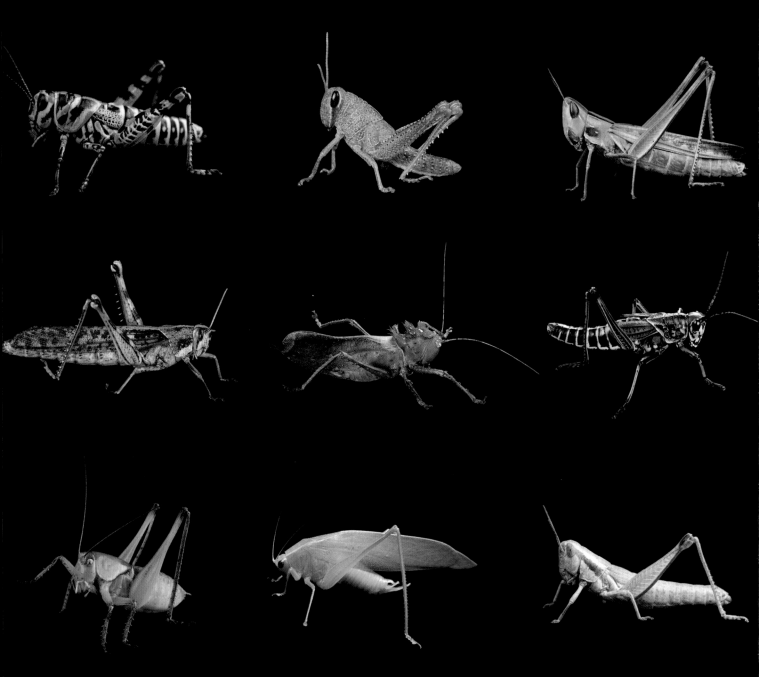

上（从左向右）：彩虹蚱蜢（*Dactylotum bicolor*），濒危等级未评估；蔽鸟蝗（*Schisto cerca obscura*），濒危等级未评估；赤腿蝗（*Melanoplus femurrubrum*），濒危等级未评估

中（从左向右）：沙漠蝗（*Schistocerca nitens*），濒危等级未评估；龙头螽斯（*Eumegalodon blanchardi*），濒危等级未评估；东苯蝗（*Romalea guttata*），濒危等级未评估

下（从左向右）：海德曼盾背螽斯（*Pediodectes haldemani*），濒危等级未评估；螽斯（*Chloroscirtus discocercus*），濒危等级未评估；苔草蝗（*Hypochlora alba*），濒危等级未评估

上（从左向右）：小长臂虾未定种（*Palaemonetes* sp.）；伍氏鞭腕虾（*Lysmata wurdemanni*），濒危等级未评估；蝉形齿指虾蛄（*Odontodactylus scyllarus*），濒危等级未评估
中（从左向右）：模里西斯鞭腕虾（*Lysmata debelius*），濒危等级未评估；糖果条纹虾（*Lebbeus grandimanus*），濒危等级未评估；七刺褐虾（*Crangon septemspinosa*），濒危等级未评估
下（从左向右）：非洲网球虾（*Atya gabonensis*），无危；兰道氏枪虾（*Alpheus randalli*），濒危等级未评估；高背长额虾（*Pandalus hypsinotus*），濒危等级未评估

疣猪（*Phacochoerus africanus*），无危

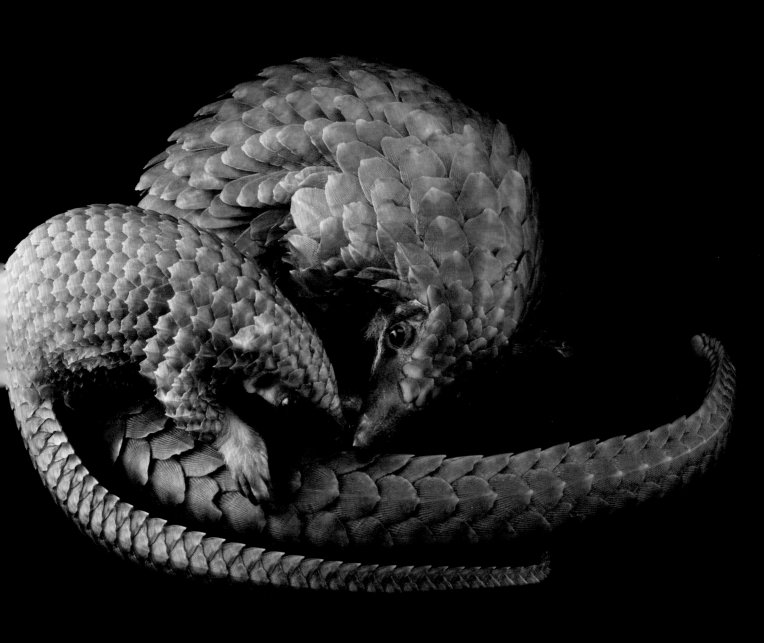

树穿山甲（*Phataginus tricuspis*）及其幼崽，易危

倭河马（*Choeropsis liberiensis*），濒危

苔藓蛙（*Theloderma corticale*），数据不明

对页图：墨西哥毛倭豪猪（*Sphiggurus mexicanus*），无危

德氏乌叶猴（*Trachypithecus delacouri*），极危

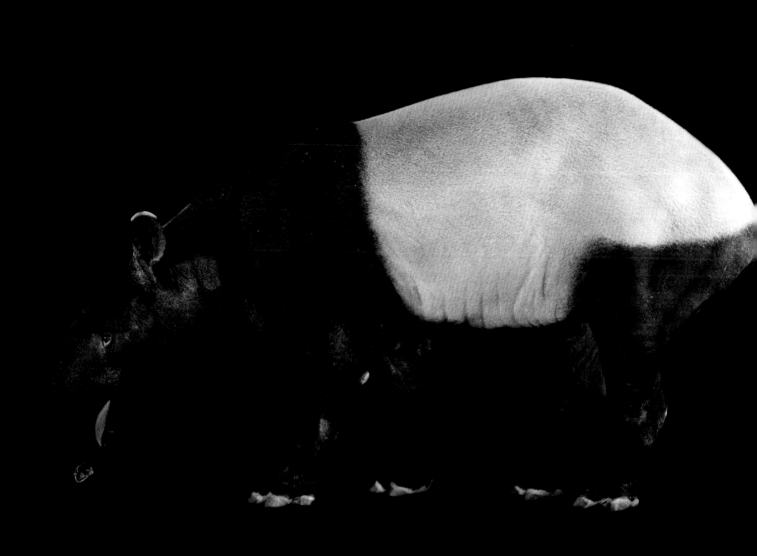

马来貘（*Tapirus indicus*），濒危

斯氏残趾虎（*Phelsuma standingi*），易危

大棕蝠（*Eptesicus fuscus*），无危

云豹（*Neofelis nebulosa*），易危

侧带棕榈蝮（*Bothriechis lateralis*），无危

澳洲针鼹（短吻针鼹）（*Tachyglossus aculeatus*），无危

"澳洲针鼹看上去有点像外星生命，但它可是名副其实的哺乳动物。"

"这是我唯一一次有机会拍摄一只双头的黄腹彩龟。"

黄腹彩龟（*Trachemys scripta scripta*），无危

趋同演化 ▶◀

非洲和亚洲的犀鸟与中南美洲的鵎鵼在演化上毫无联系，但它们都有巨大的喙。这是趋同演化的一个很好的例证，独立演化出来的相似特征可能是为了适应相似的环境。犀鸟的盔是其喙的延伸，它们的主要成分角蛋白也是组成我们指甲的成分。

对页图：马来犀鸟（雌性）（*Buceros rhinoceros silvestris*），近危
凹嘴鵎鵼（*Ramphastos ariel*），濒危

上（从左向右）：兔耳袋狸（*Macrotis lagotis*），易危；红袋鼠（*Macropus rufus*），无危

下（从左向右）：跳兔（*Pedetes capensis*），无危；赤树袋鼠（*Dendrolagus matschiei*），濒危

四趾跳鼠（*Allactaga tetradactyla*），易危

大熊猫（*Ailuropoda melanoleuca*），濒危

"这只大熊猫坐在那里一直吃竹子，如果我不离
开的话，就可以拍摄一整天。"

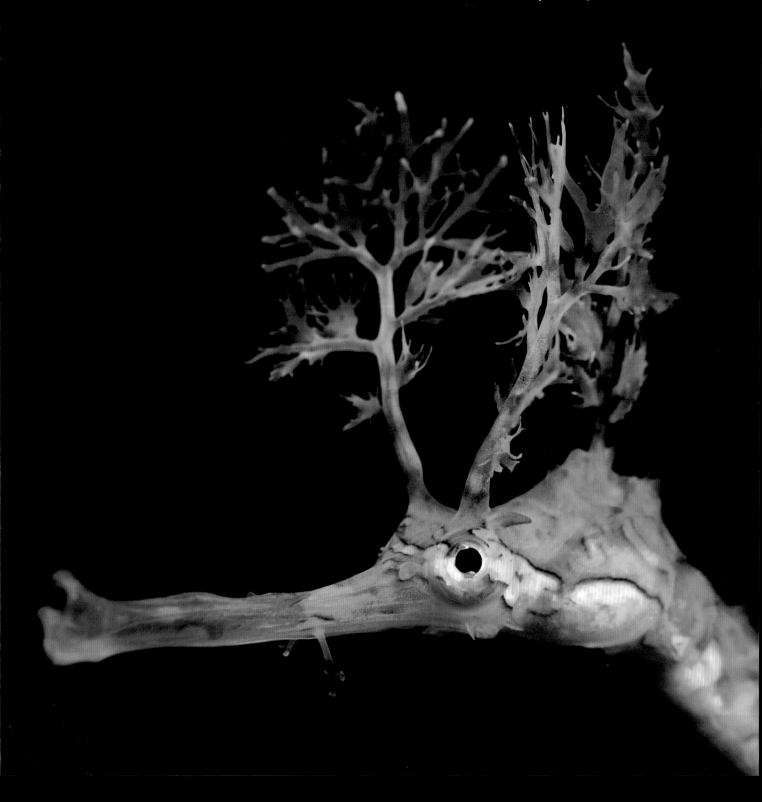

带状多环海龙（*Haliichthys taeniophorus*），濒危等级未评估

对页图：角蝰（*Cerastes cerastes cerastes*），濒危等级未评估

长颈羚（*Lictocranius walleri*），近危

北美负鼠（*Didelphis virginiana*）及其幼崽，
无危

这张照片是乔尔在自己家里拍摄的。拍摄时，
雌北美负鼠十分配合，但这些幼崽无论如何
都不肯从妈妈的背上下来，这让画面更富有
温情。

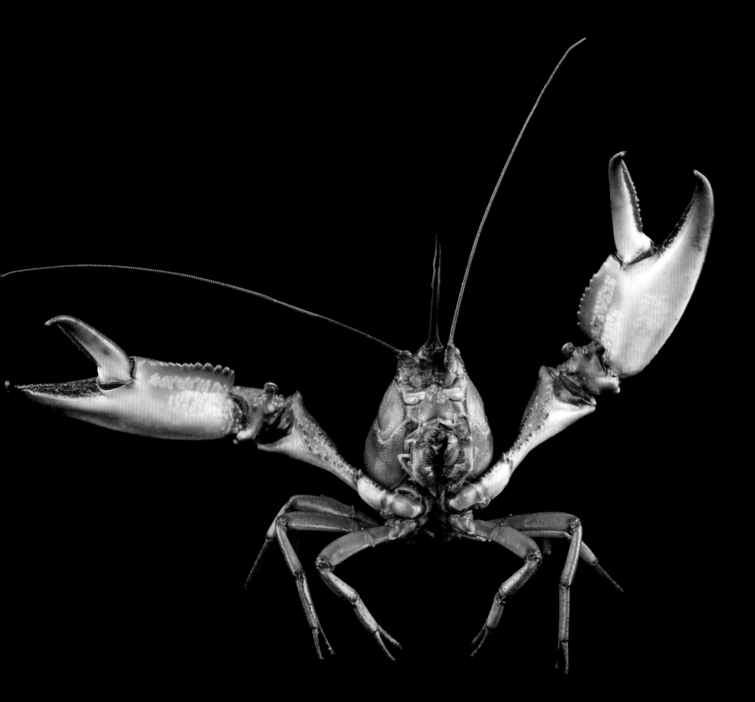

破坏者螯虾（*Cherax destructor*），易危

乔尔认为破坏者螯虾的钳子是对付捕食者的武器，威力十足。有谁想体验一下它的威力吗？

魔花螳螂（*Idolomantis diabolica*），濒危等级未评估

狞猫（*Caracal caracal*），无危

银狨（*Mico argentatus*），无危

首尾难辨 ▶◀

肯尼亚沙蟒的体长可达0.6米。它的头和尾的形状很像，乍看上去完全分不清哪一端是尾巴哪一端是头——这是一种迷惑捕食者的手段。因此，在这张照片中，你看到的只是一只肯尼亚沙蟒。

肯尼亚沙蟒（*Eryx colubrinus loveridgei*），濒危等级未评估

译者注：*Gongylophis colubrinus*为有效种名。

熊狸（*Arctictis binturong*），易危

须海雀（*Aethia pygmaea*），无危

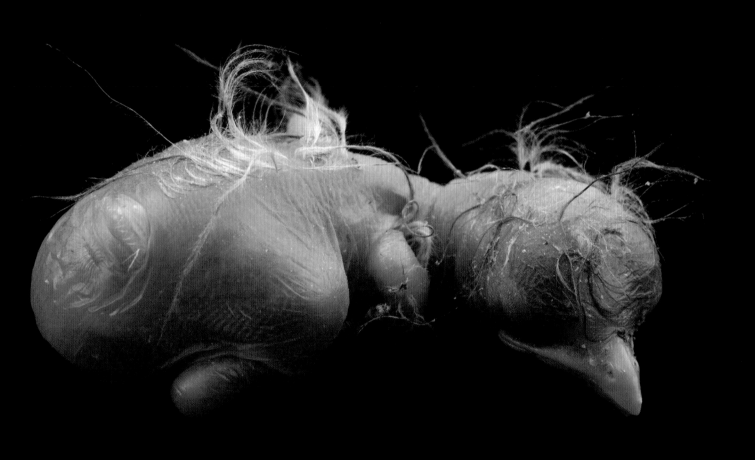

旅鸫幼体（ *Turdus migratorius* ），无危

德州盲螈（*Eurycea rathbuni*），无危
译者注：目前该物种已上升至易危。

动物保护使者

J.R.舒特和帕特·拉克斯
田纳西州诺克斯维尔
渔业保护中心

当生物学家帕特·拉克斯（Pat Rakes）在田纳西州的艾布拉姆斯河夜游期间发现一条藏在石头下面的黄鳍石鮰（*Noturus flavipinnis*）时，他激动得快要喊出来。他赶忙叫来诺克斯维尔渔业保护中心的共同创始人、他的朋友J.R.舒特（J. R. Shute）。这是在人工繁育放归黄鳍石鮰将近10年后，帕特·拉克斯第一次在野外看到黄鳍石鮰。20世纪50年代的鳟鱼推广项目差一点让黄鳍石鮰绝迹。实际上，20世纪80年代在小田纳西河的一条支流中再次发现黄鳍石鮰种群之前，人们一度认为这种动物已经完全灭绝。现在看来，它们在原始生境中重新建立起了种群。J.R.舒特说："能出去找到它们感觉很激动。"

黄鳍石鮰只是田纳西州的非营利性机构——诺克斯维尔渔业保护中心保护的65种受威胁鱼类中的一种。诺克斯维尔渔业保护中心致力于保护美国西南部河流中生活的400多种淡水鱼类的生物多样性。自这个中心建成以来，已经有十余种鱼类被重新引入到它们原来的生境。

保护中心同时希望与流域内的其他机构合作，推动河流生态知识在年轻人和老年人群中进一步得到普及。开放公众参与的项目包括但不限于河流浮潜，通过项目的参与让公众了解生活在河流中的鱼类以及河流生态系统存在的意义。J.R.舒特说："如果没有参与，公众就永远无法认识这些鱼类。"

帕特·拉克斯说："我们经常被问及这些小鱼有什么值得保护的。"而他总是向公众介绍人们如何拯救地球上形形色色的濒危物种。

> 任何已经存在了数千年甚至数百万年的物种比大多数被我们赋予巨大价值的财产都更有价值。
>
> ——帕特·拉克斯

对页图：韦氏镖鲈（*Etheostoma wapiti*），易危

J.R.舒特（中）、帕特·拉克斯（右）和孵化车间的
管理员梅丽莎·佩蒂（Melissa Petty）在孵化车间
的一张桌子前对鱼类的遗传样本进行无损取样。这个
孵化车间通常能够同时孵化大约25种动物。

雪羊（*Oreamnos americanus*） 无危

北美豪猪（ *Erethizon dorsatum* ），无危

"在内布拉斯加州的高速公路上受伤后，这只名叫哈尔西
（Halsey）的北美豪猪被带到附近的野生动物救助站接受临
时照料。尽管因为牙齿的损伤依然无法重回野外，但它的确
在这里生活得不错。"

王企鹅（*Aptenodytes patagonicus*），无危

第2章 ▶▶

伙伴

手拉手，肩并肩，一对对——结对的确是许多动物的本能。首先，对于大多数动物来说，寻找到伴侣是繁殖的先决条件。对于一些动物来说，这种关系可能是短暂的，而对于另一些来说这种关系会伴随它们一生。

对于我们人类来说，既有短暂的依恋，也有长情的告白，在一些情况下还能创造特殊的姻缘。兄弟姐妹、父母子女、最好的朋友与恋人，在大自然赋予我们的各种伙伴关系面前，友谊、联系、合作、团结通过冲突和和谐传递，凝结成两个个体一生的美好。

在本章中，你将看到两只毛茸茸的小蓝企鹅相互亲昵，还会看到一对中美洲塔瓦罗拉盗蛙以它们特殊的方式进行交流。对于一些动物来说，共生的伙伴关系是双方所必需的。比如，鲫就必须附着在鲨和其他动物的身上进行长距离迁徙。有些时候，它们还会以鲨吃剩下的食物为食，顺便帮助宿主清理口腔中的寄生虫。对于大圆菊珊瑚、几内亚长脚蜂和德州芭切叶蚁来说，它们并不是一对一的伙伴关系，而是群居关系。

有些伙伴看上去简直一模一样，比如非洲野犬。有些却如此不同，甚至看不出它们属于同一种动物，比如雌性圭亚那动冠伞鸟的羽毛是暗淡的褐色，而雄性的头顶拥有一簇能够展开的橙黄色羽毛。

在本章中，我们认为配对了一些动物，比如雪鸮和小斑虎猫、鸟儿和蜜蜂，以及形形色色的甲虫。

它们的伙伴关系要么出于较近的亲缘关系，要么因为生活在相似的自然环境中，抑或因为彼此惺惺相惜。无论如何，它们展现的都是自然界中奇妙的伙伴关系。◆

对页图：绯胸鹦鹉（*Psittacula alexandri*），近危

第133页图：中华小熊猫（*Ailurus fulgens*），濒危

雪鸮和小斑虎猫 ▶▶

"看！这只雪鸮如此激动，但是小斑虎猫（见第137页）像家猫一样温顺地配合我拍摄。为了获得美丽的皮毛，人类对小斑虎猫的猎杀行为是致使其种群数量下降的主要因素。"

对页图：雪鸮（*Bubo scandiacus*），无危
译者注：目前该物种已上升至易危。

小斑虎猫（*Leopardus tigrinus pardinoides*），易危

北极地松鼠（*Spermophilus parryii*），无危

白额燕鸥（*Sternula antillarum*），无危

椭翼钝树螽（*Amblycorypha oblongifolia*），濒危等级未评估

"螽斯通常是绿色的，但是几千个卵中总会有一个是粉红色、橙色或黄色等其他颜色。在野外，这些异色的螽斯卵就像霓虹灯一样醒目，因此大部分会被捕食者立即吃掉。但这些异色的螽斯卵在位于新奥尔良的奥杜邦自然研究所中是安全的。这家研究所每年人工孵化大量的螽斯，以期获得体色变异的个体用于展示。"

神话中的科学问题 ▶ ▶

几个世纪以来，埃及人一直认为尼罗鳄和埃及燕鸻是一对伙伴——尼罗鳄允许埃及燕鸻钻进自己的嘴里清理食物残渣。虽然这只是一个传说，但在非洲的确可以看到这两种动物和谐相处！

对页图：尼罗鳄（*Crocodylus niloticus*），无危
埃及燕鸻（*Pluvianus aegyptius*），无危

小蓝企鹅（*Eudyptula minor*），无危

"两只毛茸茸的小蓝企鹅幼崽是好伙伴，它们依偎在一起。"

塔瓦罗拉盗蛙（*Craugastor tabasarae*），极危

鸟儿和蜜蜂 ▶ ▶

上（从左向右）：冠红蜡嘴鹀（*Paroaria coronata*），无危；栗头丽椋鸟
（*Lamprotornis superbus*），无危
下（从左向右）：白耳园丁鸟（*Ailuroedus buccoides*），无危；橘黄雀鹀
（*Sicalis flaveola*），无危

上（从左向右）：金属绿汗蜂（*Agapostemon virescens*），濒危等级未评估；
长须蜂未定种（*Tetraloniella* sp.）
下（从左向右）：切叶蜂（*Megachile parallela*），濒危等级未评估；
西方蜜蜂（*Apis mellifera*），濒危等级未评估

髭长尾猴（*Cercopithecus cephus cephodes*），无危

"这一对髭长尾猴很小就失去了父母，它们被送到位于加蓬利伯维尔的野生动物救助专员那里。无论是打斗、嬉戏还是睡觉，它们都是一对形影不离的好朋友。"

动物保护使者

唐·巴特勒和安·巴特勒

北卡罗来纳州克林顿雉鸡天堂

位于北卡罗来纳州克林顿的雉鸡天堂占地36 400平方米，这里不仅是18种濒危鸟类的避难所，也是唐·巴特勒（Don Butler）和安·巴特勒（Ann Butler）的家。唐和安在他们的全职工作和鸟类保护之间取得了平衡。不仅如此，他们在极度濒危的鸟类爱氏鹇（*Lophura edwardsi*，见第353页）的保护方面取得了令人瞩目的成就。爱氏鹇是一种蓝黑相间的小型鸡形目鸟类。2000年以后再也没有人在越南中部见到过这种鸟类，而全世界人工饲养的爱氏鹇也不足500只。

与爱氏鹇的长期接触和对它们的了解是他们取得成功的关键。在人工繁育爱氏鹇连续失败多年后，唐和安决定放弃传统的一雌一雄交配策略，在繁殖季节让许多雌鸟和雄鸟混居。这个改变很快取得了可喜的效果——50只爱氏鹇幼雏破壳而出。

唐和安很快将这一技术突破分享给世界各地的动物园和保育园。乔尔回忆道："由于大多数鸡形目鸟类的警惕性都比较高，因此很难拍到理想的照片。这一次在雉鸡天堂的成功拍摄得益于特殊的摄影棚。拍摄时，它们看不见我，因此鸟儿们十分放松。"

安说："看到这些鸟儿在这里生活得惬意，我们很欣慰。"对此，唐补充道："如果我们能坚持下去，这些鸟儿在我们的有生之年是不会灭绝的！"

> "每一种动物，无论它看起来多么渺小或者多么微不足道，都可以在大自然的微妙平衡中发挥作用。"
>
> ——唐·巴特勒

对页图：泰国火背鹇（*Lophura diardi*），无危

唐·巴特勒和安·巴特勒在检查一只雌性黄腹角雉
（*Tragopan caboti*）。

151

斑鬣狗（*Crocuta crocuta*），无危

"这些斑鬣狗非常聪明、好斗，它们甚至撕碎了
我用白纸搭起来的拍摄背景。"

鮣科的所有成员在头顶上都有一个椭圆形吸盘，用于吸附在鲨和其他动物的身上进行长距离迁徙。生活在印度洋-西太平洋海域的斑猫鲨也是鮣的宿主之一。大部分鮣只是搭个便车，有些种类的鮣以宿主吃剩下的食物残渣为食。有时它们会帮助宿主清理寄生虫，因此对宿主来说它们并不一定是有害的。

斑猫鲨（*Atelomycterus marmoratus*），近危

䲟（*Echeneis naucrates*），无危

红边折中鹦鹉雌雄个体的颜色差异十分显著，这是一种雌雄异型现象。相反，其他鹦鹉的雌雄异色现象就不如红边折中鹦鹉显著。雄性红边折中鹦鹉（见本页）是鲜绿色的，而雌性个体是大红色的（见第156页）。在鸟类中，雄性个体的颜色一般更加鲜艳。

红边折中鹦鹉（*Eclectus roratus polychloros*），无危

豹变色龙（*Furcifer pardalis*）雌性（上）和
雄性（下）个体，无危

大圆菊珊瑚和长脚蜂本来是天差地别的两种动物，但它们都是群居动物，并且形成了相似的群体形状。

对页图：大圆菊珊瑚（*Montastraea cavernosa*），无危

几内亚长脚蜂（*Polistes exclamans*），近危

金叶猴（*Trachypithecus geei*），濒危

"你现在看到的这两只金叶猴是这一物种繁殖计划的一部分。镜头中靠前的是一只雄性金叶猴，旁边的是一只雌性。除此之外，还有两只雄性金叶猴（总共4只）正在接受人工保育。"

大食蚁兽（*Myrmecophaga tridactyla*），易危

戴帽长臂猿（*Hylobates pileatus*），濒危

"给戴帽长臂猿拍照绝非易事！它们很难保持一个姿势，因此大多数照片都不能把它们的长臂和长腿同时拍完整。戴帽长臂猿的前肢是哺乳动物中最长的，它们在树丛间穿梭的速度比人类快得多。"

德州芭切叶蚁（*Atta texana*），
濒危等级未评估

拍摄花絮

阿萨姆邦动植物园

<blockquote>
"支撑这种大型拍摄任务的后勤工作往往是最折磨人的。每一次旅行，漫长的等待，摄影棚的每一次安装和拆卸……想想都让人头疼。"
</blockquote>

在位于印度东北部城市古瓦哈提的阿萨姆邦动植物园中生活着80多种600多只不同的动物。为了避开游人和高温，乔尔选择在清晨开始拍摄。乔尔遇到的一个大麻烦是如何让清晨户外的光线满足拍摄要求。最终，动物园的电工（见第171页）找来了电线，通过接线将摄影灯拉到乔尔想要拍摄的任何地方。在拍摄的第三天，一盏摄影灯在电流的冲击下被烧毁了。这时，乔尔的摄影助理德鲁巴·杜塔提出了一个解决方案：将所有的摄影灯并联，而不是把所有的灯串在一根电线上。◆

凉爽的清晨，乔尔在灵长类动物的兽舍门口进行拍摄。过了一会儿，乔尔和他的团队就不得不想办法为照明设备寻找户外的电源。他们最终成功地找到了摄影灯接线，并且在乔尔的设备被烧毁后用德鲁巴·杜塔的摄影灯替代。乔尔说："在摄影灯烧毁的一刹那，我如释重负！我感觉好极了！这之后我再也没遇到过类似的情况，回到美国之后，我又买了一套新的摄影灯。"

为了帮助乔尔寻找户外照明设备的电源，这些电工用梯子爬上电线杆，将接线轴直接接在裸露的高压线上。乔尔指着这幅图说："这些电工抱着一个缠满了各种电线的巨大带电接线轴。"

动物园有鳞类展区的游客在观摩乔尔的拍摄工作。在德鲁巴·杜塔维持秩序的同时，一只蜥蜴正悠然自得地待在乔尔的摄影棚里。

高山兀鹫（*Gyps himalayensis*），近危

短尾猴（*Macaca arctoides*），易危

美洲豹（*Panthera onca*），近危

"我记得它们在闻拍摄用的白色背景，但并没有咬碎它。通常我只能在它们熟悉拍摄环境的时候拍出令我满意的照片。"

非洲水牛（*Syncerus caffer*），无危

对页图：紫胸佛法僧（*Coracias caudatus*），无危

像非洲水牛这样的大型有蹄类踢起的泥土和碎片会使草丛中的昆虫无处藏身，但这为紫胸佛法僧带来了机会！紫胸佛法僧显然是个机会主义者，它们围在非洲水牛的周围寻找食物。它们有时干脆站在非洲水牛的头上或角上，选取捕食的制高点。

認識甲虫 ▶▶

对页图：卡特里娜梳龟甲（*Aspidomorpha citrina*），濒危等级未评估

上（从左向右）：伪金针虫属未定种（*Eleodes* sp.），濒危等级未评估；
绿奇花金龟（*Agestrata orichalca*），濒危等级未评估

下（从左向右）：乳草叶甲（*Labidomera clivicollis*），濒危等级未评估；
缺口紫布甲（*Dicaelus purpuratus*），濒危等级未评估

非洲野犬（*Lycaon pictus*），濒危

"为了增强画面的美感，我们选择了三只非洲野犬进行拍摄。此刻，它们正看着对面的同伴。"

圭亚那动冠伞鸟（*Rupicola rupicola*）雌性（见本页）
和雄性（见第183页）个体，无危

西部低地大猩猩（*Gorilla gorilla gorilla*），极危

> **"** 许多我们耳熟
> 能详的物种
> 正面临灭绝。**"**

狐猴叶蛙（*Agalychnis lemur*），极危

"这两只狐猴叶蛙在交配，或者专业一点说是在抱对。体形较小的是雄性狐猴叶蛙，它趴在雌蛙的背上等待雌蛙产卵时为其受精。这是保证其遗传物质得以延续的方式，所以它只能一直趴在那儿等待。"

萨巴竹节虫（*Aretaon asperrimus*），濒危等级未评估

袋獾（*Sarcophilus harrisii*），濒危

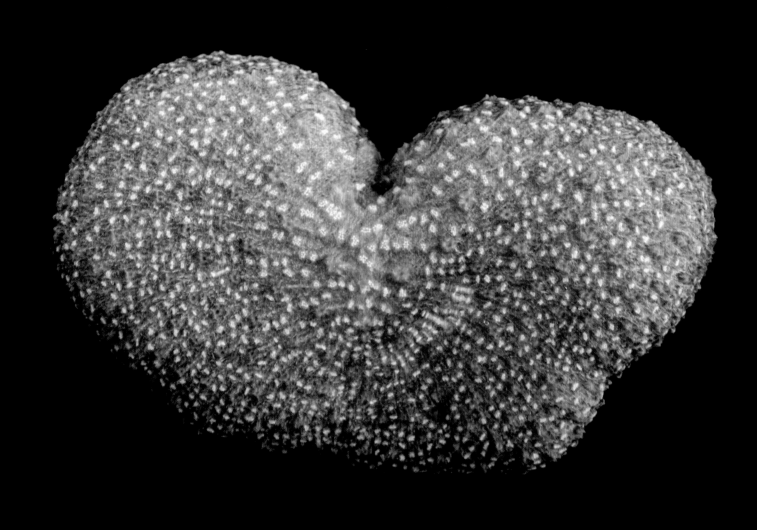

海肾（*Renilla muelleri*），濒危等级未评估

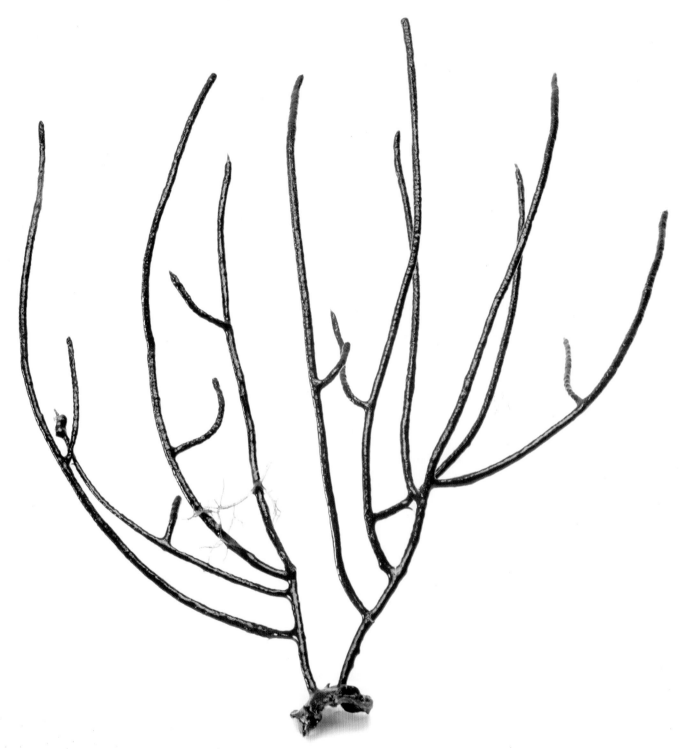

海鞭（*Leptogorgia virgulata*），濒危等级未评估

黑猴（*Macaca nigra*），极危

对页图：西里伯斯鹿豚（*Babyrousa celebensis*），易危

吃"剩饭"的家伙 ▶▶

"黑猴在树上取食，西里伯斯鹿豚在树下等待
落下的果子。因此，完整的森林系统不仅是黑
猴的家园，对西里伯斯鹿豚来说也很重要。"

喜马拉雅狼（*Canis himalayensis*），无危

"为这些喜马拉雅狼拍照就像给自家的宠物狗拍照一样亲切！它们真的很聪明，它们知道自己只是为了食物才配合！当食物吃完时，它们就不再理我了，拍摄也随即终止。"

扇砗磲蛤（*Tridacna derasa*），易危

对页图上（从左向右）：满侧底蚌（*Pleurobema plenum*），极危；鹿趾贻贝（*Truncilla truncata*），濒危等级未评估；强膨蚌（*Cyprogenia stegaria*），极危

对页图下（从左向右）：希氏美丽蚌（*Lampsilis higginsii*），濒危；纤弱偏顶贝（*Modiolus demissus*），濒危等级未评估；三脊真珠蚌（*Amblema plicata*），无危

动物保护使者

布莱恩·格拉特维克
巴拿马甘博
史密森尼热带研究所

史密森尼热带研究所的保护生物学家布莱恩·格拉特维克（Brian Gratwicke）致力于通过保护两栖动物维持巴拿马的物种多样性。在巴拿马发现的214种两栖动物中，许多正在遭受致命的壶菌病的威胁。在科学家们研究这种真菌病的治疗手段时，格拉特维克等人也在推进濒危两栖动物保育计划。

在研究了这种真菌导致的疾病的治疗手段后，格拉特维克的研究团队还分析了存活下来的两栖类的基因序列。除此之外，他们还测试了其他细菌和真菌对巴拿马金娃种群的影响。格拉特维克解释道："同一个物种的不同个体对疾病的抵抗力是有差异的，如果我们能搞清楚为什么有些个体能够幸存下来而另一些个体会死去，也许我们就能找到解决问题的关键。" 格拉特维克的团队将一些健康的个体放归野外（以期改善野外种群抵抗疾病的能力）。如今，位于甘博的史密森尼热带研究所的野外站是世界上最大的两栖动物保育研究中心。格拉特维克认为拥有先进设备的研究中心在未来一定会成为一个两栖动物的繁育场。

格拉特维克的童年在津巴布韦度过。彼时他最喜欢在水塘里捕捉和认识各种不同的鱼类，当然两栖类也认识了不少。格拉特维克说："只要你一整天都站在齐腰深的水塘里，就一定有机会抓住几只蝌蚪。"尽管格拉特维克目前的研究主要集中在一个特定的类群上，但他对其他物种的保护意识丝毫没有减退。

> " 蛙类是大自然的音乐家。如果我们花时间去观察和倾听，就会发现每种蛙类都有自己独特的故事要分享。"
>
> ——布莱恩·格拉特维克

对页图：立莫撒丑角蛙（*Atelopus limosus*），濒危

译者注：该物种的危险级别目前上升为极危。

布莱恩·格拉特威克手捧着一只立莫撒丑角蛙。这是位于巴拿马的史密森尼热带研究所繁育的濒危动物之一。

红腹滨鹬（*Calidris canutus*），近危

"在向北迁徙的路上，红腹滨鹬主要以鲎的卵为
食。因此，过度捕捞导致的鲎种群数量的下降也
会影响红腹滨鹬的数量。"

第3章 ◀▶

反差

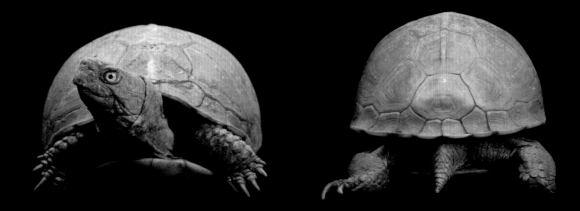

我们总是被不同于我们的物种吸引，而其他的物种也会为我们着迷。相似和差异构成了所有生命之间亲密联系的源泉，而联系又构成了竞争、寄生、捕食等关系的基础。可以说，这些联系对自我认同的影响之深不亚于那些由和谐和趋同产生的影响。

一些动物天生就有相似之处。比如小型食肉动物侏獴和斗鱼，本来二者并无联系，但它们都是食肉动物，并且都有强烈的领地意识。非洲的针尾维达鸟会和蓝顶蓝饰雀争夺食物和繁殖资源。除此之外，还有复杂的三角关系。比如，伊斯帕尼奥拉穴鸮会占领黑尾土拨鼠的巢穴，并且模仿响尾蛇发出的声音吓走捕食者。

同样，我们人类通过创造对立的概念来认识世界，通过描绘变化的极端了解万物。比如，我们知道散布大蜗牛的行动迟缓，而猎豹的动作敏捷（奔跑时的速度最快可达100千米/小时）。再如，马陆依靠数百对足行走，这与无腿的帝王蛇蜥的运动方式完全不同。

大千世界展示了无穷无尽的反差。我们甚至来不及思考为什么如此渺小的黑象鼩与非洲象之间的亲缘关系甚至超过它和其他鼩鼱的关系。中美小食蚁兽可以在两足站立时张开双臂，而克氏冕狐猴抱紧胳膊蜷缩起来；淡水鱼类和海水鱼类虽然生活在不同的环境中，但它们都生活在地球上。这些反差都是大自然创造出来的！

我们也一样。了解这些动物，我们会认识到这就是我们的星球上生物多样性的美丽所在，也是我们努力的意义！◆

对页图：颊带企鹅（*Pygoscelis antarcticus*），无危
"我简直不敢相信这些颊带企鹅会整齐列队摆出一样的姿势，然后其中一只上前摆出不一样的姿势！"
第203页图：三趾箱龟（*Terrapene carolina triunguis*），易危

棕尾虹雉（*Lophophorus impejanus*），无危

"棕尾虹雉是人们熟知的最华丽的鸟类之一。这张照片是在唐和安的'雉鸡天堂'中拍摄的。在拍摄时，我使用的是自然光和纯白色的灯光以捕捉其最真实的色彩。"

蓝舌石龙子（*Tiliqua scincoides intermedia*），近危

"拍摄时，这只蓝舌石龙子正在用它的舌头嗅着我和黑色的天鹅绒背景。
这一刻，它那条蓝色的舌头被相机定格。"

散布大蜗牛（*Helix aspersa*），濒危等级未评估

"散布大蜗牛并不算稀有物种，但我仍然觉得它很
与众不同。"

猎豹（*Acinonyx jubatus*），易危

"这只猎豹如此优雅，以至于当饲养员和我将它放在围栏中时，它依然保持着风度。"

侏獴（*Helogale parvula*），无危

"侏獴从来不会停下来配合拍摄，它们总是好奇地打探周围的环境。"

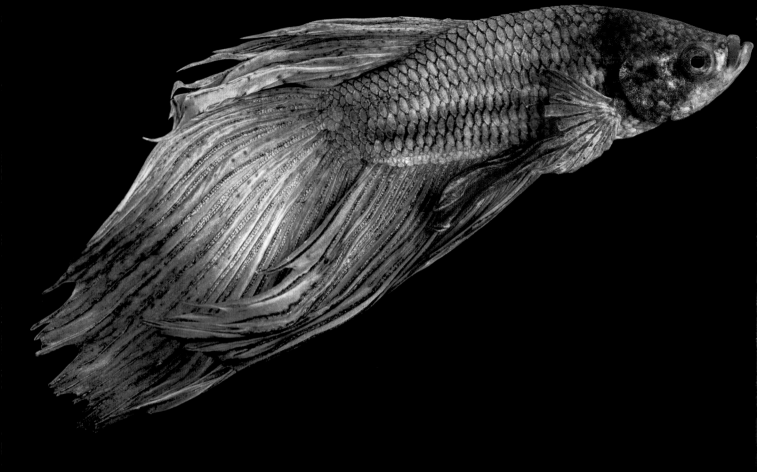

泰国斗鱼（*Betta splendens*），易危

"泰国斗鱼以它们美丽的鳍和好斗的习性而著称。当一条雄性泰国斗鱼遇到另一条雄性时，它们就会陷入争斗。作为一种观赏鱼，泰国斗鱼的鳍正在人工选择下变得越来越长。"

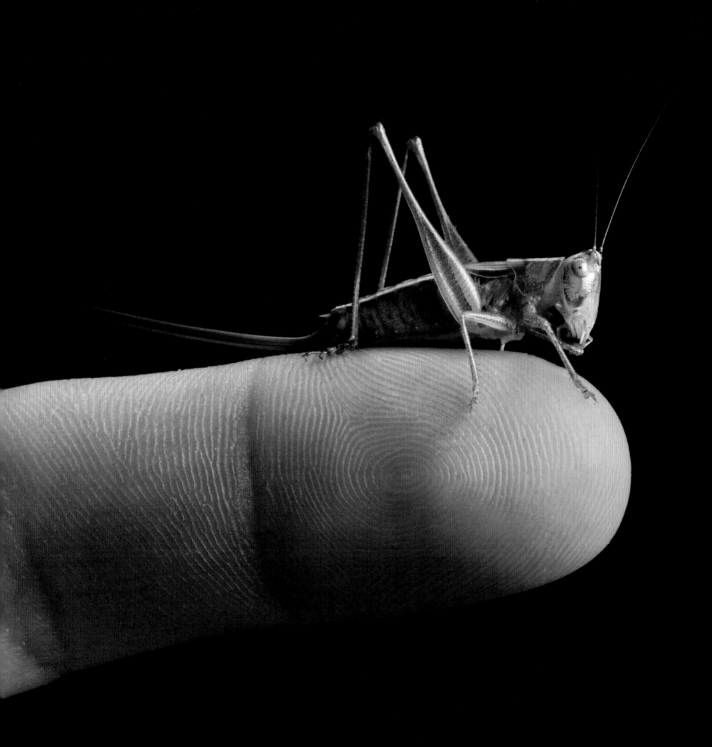

角斗士蟋蟀（*Orchelimum gladiator*），濒危等级未评估

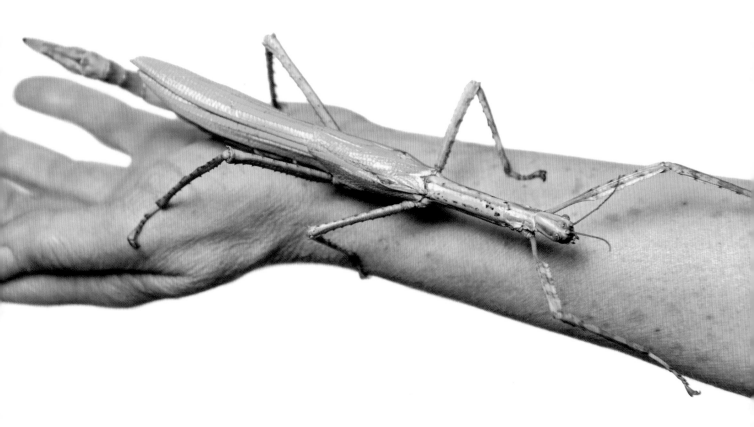

格拉斯竹节虫（*Eurycnema goliath*），濒危等级未评估

"格拉斯竹节虫是世界上最大的昆虫之一。虽然我并不喜欢拍到人的手臂，但是有些时候我也需要一些参照物来展示它们的大小。"

马陆未定种（*Diplopoda* sp.）

对页图：帝王蛇蜥（*Pseudopus apodus*），濒危等级未评估

腿的价值 ◀ ▶

无论是用鳍、翅膀还是用腿，可移动性是区分动物与植物最重要的特征之一。多足纲（马陆）有数百对腿，其中一个种甚至多达750对之多！与之相反，一些蜥蜴的四肢严重退化丧失功能，只能像蛇一样通过扭动身体爬行。

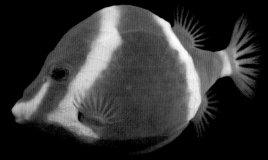

海水鱼和淡水鱼的颜色 ◀▶

珊瑚丛本身色彩丰富，因此生活在珊瑚丛中的鱼类（本页）也大
多色彩斑斓。与之相反，生活在淡水（比如科罗拉多河）中的鱼
类色彩相对暗淡。这反映了它们生活的水体富含泥沙。

对页图上（从左向右）：单斑蓝子鱼（*Siganus unimaculatus*），濒危等级未评估；
拟刺尾鲷（*Paracanthurus hepatus*），无危
对页图下（从左向右）：白带粒突六棱箱鲀（*Anoplocapros lenticularis*），濒危等级未评估；
双棘刺尻鱼（*Centropyge bispinosa*），无危
本页图上（从左向右）：锐项亚口鱼（*Xyrauchen texanus*），极危；
美丽骨尾鱼（*Gila elegans*），极危
本页图下（从左向右）：隆背骨尾鱼（*Gila cypha*），濒危；
尖头叶唇鱼（*Ptychocheilus lucius*），易危

"蒙特雷湾水族馆的雪鸻幼鸟挤在一起取暖，但总有一只我行我素。"

雪鸻（*Charadrius nivosus nivosus*），近危

动物保护使者

克里斯·霍姆斯
得克萨斯州
休斯敦动物园

大约20年前，克里斯·霍姆斯（Chris Holmes）在休斯敦动物园做青年志愿者的时候第一次见到蓝嘴凤冠雉。当时，他对这种鸟儿并没有什么感觉。他回忆道："我不喜欢这种鸟儿，因为它总是想从笼子里飞出来。我当时告诉时任动物园鸟类主管特雷·托德说这只鸟是个大麻烦！"我还记得当时特雷回应道，他希望有人能拯救这种濒危的鸟类。"但我从未想到这个人就是我。"克里斯补充道。

这种原产于哥伦比亚的珍稀鸟类与哥伦比亚的文化有着紧密的联系。如今，蓝嘴凤冠雉的野外数量大约只有250只，另外有30多只被饲养在休斯敦动物园，其中一些会被交换到其他动物园展示。马利姆·萨拉兹是来自哥伦比亚巴兰基亚动物园的鸟类饲养员，与克里斯在蓝嘴凤冠雉的保护方面合作密切。2014年，在哥伦比亚人维艾瑞亚和嘎维兹的协助下，哥伦比亚人工孵育的第一只蓝嘴凤冠雉在巴鲁岛的繁育基地诞生了。克里斯认为，这对于蓝嘴凤冠雉的种群恢复来说是关键的一步。

目前，克里斯的工作主要集中在协助在哥伦比亚本土繁育这种濒危的鸟类。他认为："以前的访问帮助我了解了一些可能面临的困难。"在2015年底开始实施的一个合作项目中，克里斯负责帮助哥伦比亚制订一个为期5年的物种保护计划。

从一开始的厌恶到毕生致力于蓝嘴凤冠雉的保护事业，克里斯像是变了一个人。他甚至将蓝嘴凤冠雉的图案纹在自己的左臂上，也不再认为它们是大麻烦了。显然，他现在已经完全被这种鸟儿吸引。◆

> "当我意识到我们之间的联系时，这项工作对我个人产生了影响。"
>
> ——克里斯·霍姆斯

对页图：蓝嘴凤冠雉（*Crax alberti*），极危

克里斯·霍姆斯抱着一只绿孔雀准备与乔尔合影。
克里斯说他很难将这只绿孔雀的尾巴固定在帐篷上
（所以只能抱着）。绿孔雀是两种现生孔雀中最濒
危的一种。

生态合作 ◀ ▶

黑尾土拨鼠在北美洲大草原的地下建造了复杂的隧道系统，甚至地下城堡。包括穴居猫头鹰和响尾蛇在内的其他动物也会挖掘洞穴。这些洞穴增加了土壤的通气性，对维持生态系统的稳定发挥了重要作用。乔尔说："它们创造的地下城堡极大地促进了草原生态系统的发展，这相当于海洋生态系统中珊瑚礁的作用。"

西部菱背响尾蛇（*Crotalus atrox*），无危

伊斯帕尼奥拉穴鸮（*Athene cunicularia troglodytes*），无危

相同的物种，不同的毛色 ◀▶

尽管外表看起来不同，但是这两只豹属于同一个物种。一只有典型的豹斑，可作为伪装。另一只看上去为纯黑色，但也有斑点。这些斑点只能在某种特定波长的光线下可见。这种纯黑色是由一种主要出现在豹和美洲虎中的隐性基因突变导致的。

非洲豹（*Panthera pardus pardus*），易危

普通蜘蛛蟹（*Libinia emarginata*），濒危等级未评估

巨蟹蛛未定种（*Olios* sp.），濒危等级未评估

中美小食蚁兽（*Tamandua mexicana*），无危

"中美小食蚁兽因在受到威胁时可以两足站立而闻名，
它们的大爪子是有力的武器。"

克氏冕狐猴
（*Propithecus coquereli*），濒危

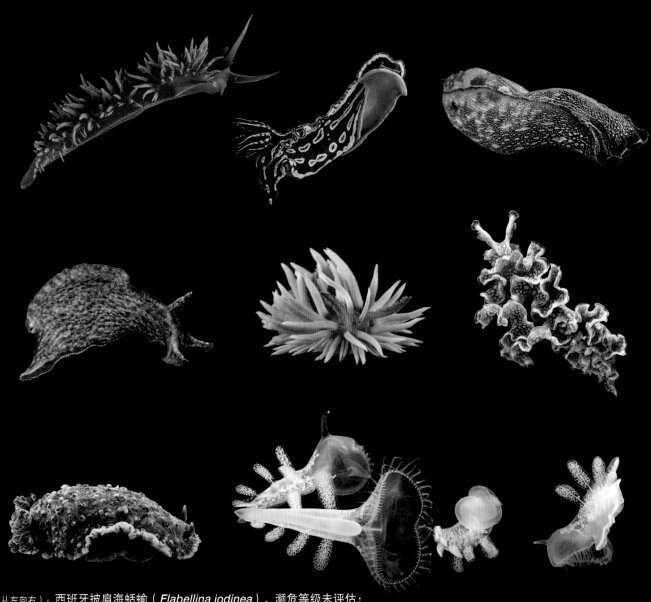

上（从左向右）：西班牙披肩海蛞蝓（*Flabellina iodinea*），濒危等级未评估；
高泽海蛞蝓（*Felimare picta*），濒危等级未评估；
无刺海蛞蝓（*Navanax inermis*），濒危等级未评估
中（从左向右）：加州海兔（*Aplysia californica*），濒危等级未评估；
玫瑰海蛞蝓（*Hopkinsia rosacea*），濒危等级未评估；
莴苣海蛞蝓（*Tridachia crispata*），濒危等级未评估
下（从左向右）：疣状海蛞蝓（*Dendro wartii*），濒危等级未评估；
狮鬃海蛞蝓（*Melibe leonina*），濒危等级未评估

大蛞蝓（*Limax maximus*），濒危等级未评估

对页图：亚洲象（*Elephas maximus*），濒危

黑象鼩（*Rhynchocyon petersi*），无危

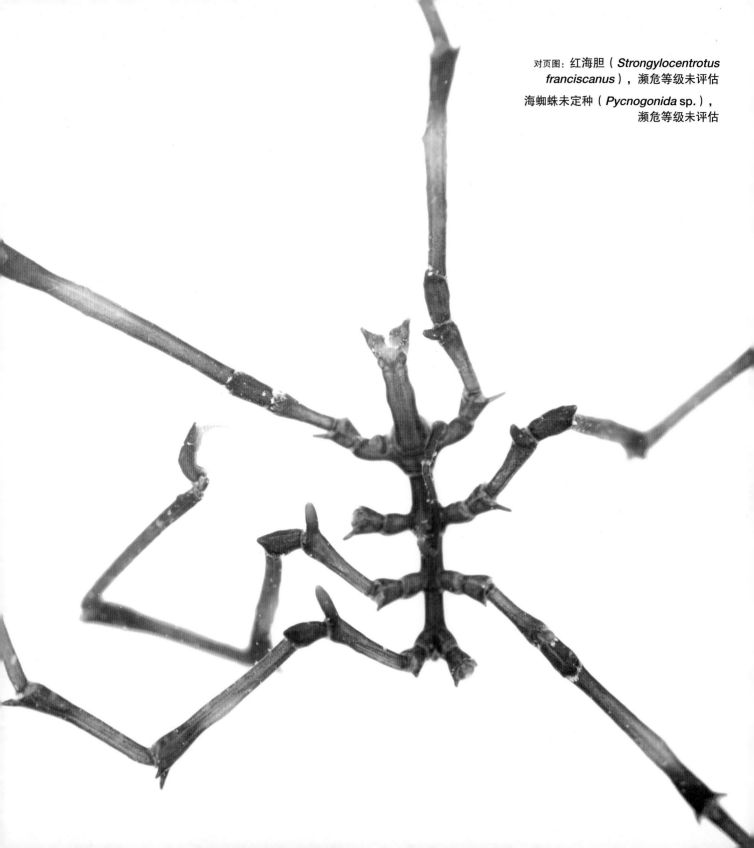

对页图：红海胆（*Strongylocentrotus franciscanus*），濒危等级未评估

海蜘蛛未定种（*Pycnogonida* sp.），濒危等级未评估

巢寄生 ◀▶

当心针尾维达鸟（见本页），它们会将卵生在其他鸟儿［比如蓝顶蓝饰雀（见对页）或其他食种的雀形目鸟类］的巢中，并由后者的亲鸟孵化。这种巢寄生行为的好处是可以让寄主帮助它们抚育后代。

拍摄花絮

多米尼加共和国国家动物园

乔尔在多米尼加国家动物园拍摄加勒比地区伊斯帕尼奥拉岛特有的动物。和往常一样，他的朋友和动物园的工作人员协助他完成拍摄任务。这一次，乔尔的朋友埃尔拉迪奥·费尔南德斯为他安排了在多米尼加首都圣多明各的行程。乔尔在那里有机会拍摄到斜齿鼠和海地沟齿鼩（见第242~243页）。海地沟齿鼩的体形虽然很小，但它看上去很凶猛。没错！这种动物的下门齿会喷射毒液。◆

> "拍摄的日子没有哪一天是轻松的。想象一下从带毒的动物到你从未见过的诡异昆虫，再到用奶瓶喂养的美洲豹宝宝——这只是刚开始的1小时。"

乔尔把一只岛鵟（*Buteo ridgwayi*）放在一个柔软的摄影棚中进行拍摄，这样可以使拍摄对象保持安静。

乔尔的儿子科尔（Cole）经常在片场协助拍摄，但并不一定总是帮助摄像和照明。乔尔说有科尔在的好处是有人能帮助他递瓶水并喂养美洲豹幼崽。

乔尔和他的团队以及刚刚完成拍摄的黑凤冠雉结束了一天的工作。拍摄需要志愿者和动物园管理员的协助。

斜齿鼠（*Plagiodontia aedium*），濒危

海地沟齿鼩（*Solenodon paradoxus*），濒危

红尾黑凤头鹦鹉西南亚种
（*Calyptorhynchus banksii naso*），无危

> **"所有的生命无论大小都是伟大的，每个生命都应享有基本的生存权。"**

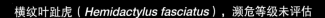

横纹叶趾虎（*Hemidactylus fasciatus*），濒危等级未评估

"在西非拍摄期间，一天夜里，当我在帐篷中睡觉时，这只壁虎爬到了我的脸上。黑暗中，我惊慌失措，一把抓住它扔在地上。当我打开头灯时，看到它已经爬到了帐篷顶上，但它的尾巴被我弄断了。当我想把断掉的尾巴和壁虎放在一起时，我拍摄了这张照片。无论如何，这只壁虎最终长出了一条新尾巴。"

带毒的"草莓" ◀ ▶

尽管这些箭毒蛙（亚种）的体色有所不同，但它们都属于同一个物种——草莓箭毒蛙。之所以这样命名是因为有些个体的颜色的确犹如草莓一般鲜艳。草莓箭毒蛙的体色十分多样，它们多以栖息地或体色命名。有些草莓箭毒蛙的体色只是在某个区域特有。

对页和本页：草莓箭毒蛙的不同体色

草莓箭毒蛙（*Oophaga pumilio*），无危

上：未命名的草莓箭毒蛙亚种

中：拉古塔、阿米然提、布鲁诺

下：锐澳、布鲁普、哗哩哗哩

塞罗阿苏尔象龟（加拉帕戈斯象龟，*Chelonoidis vicina*），易危

沼泽箱龟（*Terrapene coahuila*），濒危

草原奶蛇（*Lampropeltis gentilis*），无危

对页图：东部珊瑚蛇（*Micrurus fulvius*），无危

条纹保护色 ◀▶

动物的模仿行为能使其自身免受威胁，但照片上的这种情况也能使人类避免被毒蛇咬伤。尽管无毒的草原奶蛇（见对页）的栖息地与它的英文名字中出现的"犹他"（州）相距甚远，但它演化出和有毒的东部珊瑚蛇（见本页）相似的条纹保护色，以迷惑捕食者。不过为了安全，还是请记住这个押韵（英语）的口诀：红色接黄色有毒，红色接黑色无毒。

动物保护使者

路德维希·西弗特
乌干达食肉动物保护项目

20世纪90年代，乌干达的非洲狮一度濒临灭绝，这让兽医路德维希·西弗特（Ludwig Siefert）将注意力转到威胁非洲狮生存的因素上。通过观察，他和他的团队发现只要非洲狮威胁到农民的牲畜，它们就很可能被毒死。这直接促成了乌干达大型食肉动物保护计划的实施。

作为这个计划（现为乌干达食肉动物保护项目）的负责人，路德维希的工作主要围绕乌干达西部的伊丽莎白女王国家公园展开。这个国家公园附近居住着大约10万人，路德维希希望找到解决当地居民与非洲狮、猎豹以及鬣狗等动物之间的冲突的有效措施。通过走访和召开代表大会，路德维希发现超过80%的受访者支持野生动物保护计划。来访的游客通过与动物的近距离接触，也逐渐了解了这个保护项目的意义。路德维希说："与个别非洲狮的互动让游客们更加深刻地理解了如何保护这些动物。"

这个以人为本的野生动物保护项目除了帮助当地居民建设更为完善的牲畜围栏以外，还鼓励学校社团为鸟类保护和野外种群统计数据的录入贡献力量。无论是自掏腰包购买无线电设备和燃油，还是将当地民众从野生动物的猎杀者转化为保护者，路德维希都在用行动践行着他对乌干达食肉动物保护项目的诺言，维系着动物与人类之间微妙的平衡。◆

> "如果更多的人不再是旁观者，那么我们付出的努力就没有白费。"
>
> ——路德维希·西弗特

对页图：**非洲狮**（*Panthera leo*），易危

路德维希·西弗特和高级研究助理詹姆斯·卡列瓦
（James Kalyewa）使用多种监测技术来跟踪乌干
达大型食肉动物的活动。

兄弟之争 ◀ ▶

在乔尔拍摄这组照片时，这对普通拟八哥兄弟发出刺耳的叫声。在自然世界中，这种同胞之间的竞争可能是致命的。乔尔说："一旦它们之中的一个体重和力量增长的速度更快，它就可以在同胞之间的竞争中胜出，甚至有时会把对方从窝中挤出去，甚至导致对方跌落死亡。"

普通拟八哥（*Quiscalus quiscula*）
（幼鸟），无危

第4章 ▲ ▼

猎奇

有些动物的长相总是与众不同，然而我们并不反感它们！有时我们会用"异类""离经叛道""个性""特立独行"等词语来形容它们的独特性和古怪的行为。的确，世界上需要一个地方来包容它们，它们也会彼此相爱，结成伴侣，但它们永远不会因为与众不同而失去这种自豪感！

在本章中，你将有机会看到那些重要而又没有被包含在前面章节中的动物。对于它们的存在，我们不能视而不见。

你即将看到这些物种展示出的许多特征与它们所属的分类位置是相冲突的。比如，以针鼹和鸭嘴兽为代表的卵生哺乳动物的繁殖方式为我们追索哺乳动物的起源提供了重要的线索。

除此之外，还有各种样子古怪的鸟类，比如和我们差不多高的美洲鹤，还有南美洲的角叫鸭。后者是其他雁形目动物的近亲，在争斗时发出嘎嘎的叫声，拍打着翅膀，晃动头上的角，并用腿上的距攻击对方。它们会在沼泽中用植物材料构筑浮巢，用以产卵并孵育幼雏。

你还会看到一些形态和行为都与我们相距甚远的动物，我们甚至很难称其为动物，比如色彩艳丽的海星、其貌不扬的刺豚、长满刺的海胆。看，一只小沼蟹爬过这只海胆时根本就没有发觉它的存在。

本书想要传递的正是无限的、多样的和充满魔力的地球生命形式，它们是如此奇妙，但又弥足珍贵！◆

对页图：索瓦叶泡蛙（*Phyllomedusa sauvagii*），无危
"这只索瓦叶泡蛙举起一条腿来彰显其强大的领地统治力。这显然没有吓到我，
但可能对其他蛙类有效果。"
第259页图：果蝠未定种（*Lissonycteris* sp.）；蛇鹫（*Sagittarius serpentarius*），易危

探索边界 ▲ ▼

这只针鼹用管状的吻部在地上搜寻白蚁、蚂蚁、蚯蚓等食物，一旦发现食物就会伸出长舌头把它们黏到嘴里。鸭嘴兽拥有鸭子一样的喙（但它们可是哺乳动物），雄性鸭嘴兽的后肢上还有毒刺。针鼹和鸭嘴兽是仅存的现生卵生哺乳动物，遗传学研究表明它们在数百万年前就已经出现。

对页图：大长吻针鼹（*Zaglossus bartoni*），极危
鸭嘴兽（*Ornithorhynchus anatinus*），近危

鲫（金鱼）（*Carassius auratus*），无危

中国人驯养金鱼已有数百年的历史了。今天我们
看到的金鱼长着大大的水泡眼、短小的身体和夸
张的尾巴，但所有的金鱼都是从野生鲤形目鱼类
（鲫）驯化而来的。

眼镜猴（*Tarsius tarsier*），易危
"眼镜猴大大的眼睛保证它们能在夜间活动自如。"

> **"角叫鸭的角是软骨质的，但看上去像扫帚上的塑料线头。"**

角叫鸭（*Anhima cornuta*），无危

"这只角叫鸭是在人工饲养的环境下长大的，所以它一点也不怕人。它的饲养员把它抱进我的帐篷，然后又抱回去。它的头上长着软骨质的角，看上去就像绑扫帚的塑料线头。"

非洲月蛾（*Argema mimosae*），濒危等级未评估

"鳞翅目昆虫用它们的触角来感知其他同类的信息，
这也是它们寻找配偶的主要方式。"

三角枯叶蛙（*Megophrys nasuta*），无危

曲冠簇舌巨嘴鸟（*Pteroglossus beauharnaesii*），无危

"曲冠簇舌巨嘴鸟头上卷曲的冠羽摸上去就像塑料屑。"

富埃尔特珠毒蜥
（*Heloderma horridum exasperatum*），无危
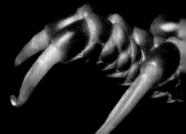

上（从左向右）：蝙蝠海星（*Patiria miniata*），濒危等级未评估；
鸡爪海星（*Henricia leviuscula*），濒危等级未评估
下（从左向右）：彩虹海星（*Orthasterias koehleri*），濒危等级未评估；
枕头海星（*Pteraster tesselatus*），濒危等级未评估

上（从左向右）：赭色海星（*Pisaster ochraceus*），濒危等级未评估；
皮革海星（*Derma sterias imbricata*），濒危等级未评估
下（从左向右）：佛米利昂海星（*Mediaster aequalis*），濒危等级未评估；
巨绿蛇尾（*Ophiarachna incrassata*），濒危等级未评估

鬼纹角翅蜻（*Celithemis eponina*），
濒危等级未评估

动物保护使者

蒂洛 · 纳德勒
越南宁平国家公园濒危灵长
类保护中心

20多年前，德国人蒂洛 · 纳德勒（Tilo Nadler）在一次越南之旅中看到许多野生动物被人们当作宠物走私到其他国家和地区。那次旅行彻底改变了他的后半生。当政府官员截获这些动物（甚至包括极度濒危的白颊长臂猿）的时候，他们经常面临无处寄养这些动物的尴尬处境。蒂洛的建议是成立一个濒危灵长类保护中心来寄养这些从非法黑市交易中截获或罚没的濒危野生动物。毫无疑问，这将是中南半岛建立的第一个濒危野生动物保护机构。

目前，位于越南宁平国家公园内的濒危灵长类保护中心寄养了15种180多只濒危灵长类，其中6种只在此中心圈养。尽管目前尚无安全的方法将它们放归野外，但这丝毫没有打消蒂洛及其家人和团队（保护这些动物）的工作热情。他们不知疲倦地改善保护设施，打击偷猎行为，并希望最终能将这些寄养在保护中心的濒危动物放归大自然。

蒂洛说："这里的非法野生动物偷猎行为令人发指！"这让他有强烈的紧迫感。他说："现在最大的问题是在这些国家没有针对环境问题的教育措施。即使现在开始宣传野生动物保护的意义，也需要至少20年才能看到效果。而这些濒危的野生动物很可能在10年内灭绝。" ◆

> "这不曾是我的工作，也不是我的职业，但我怎能视而不见？"
>
> ——蒂洛 · 纳德勒

对页图：灰腿白臀叶猴（*Pygathrix cinerea*），极危

蒂洛·纳德勒正在查看生活在越南库普丰国家公园濒危灵长类
动物抢救中心的15种灵长类动物之一，这是一种稀有的红颊长
臂猿（*Nomascus gabriellae*）。

卢氏虎（*Lucasium damaeum*），濒危等级未评估

"壁虎科成员没有眼睑，它们不时舔自己的眼球只是
为了定期清洁它们。"

斑点保护色 ▲ ▼

这只马来貘幼崽身上的斑点看上去像透过树林洒下的阳光，没错！在妈妈外出寻找食物时，它通过这种伪装来隐藏自己。黑白釭可能也是通过模仿闪烁的光线来隐藏自己的，使位于上方的捕食者无法发现自己。

马来貘（*Tapirus indicus*），濒危

黑白魟（*Potamotrygon leopoldi*），数据不明

> "如果河水和河岸的污染无法得到改善，那么恒河鳄的未来也将充满变数。"

恒河鳄（*Gavialis gangeticus*）（幼体），极危

"由于印度境内的恒河污染严重，恒河鳄的生存受到了严重的威胁。此外，恒河鳄产卵的河岸也经常受到人类发展的破坏。"

红秃猴（*Cacajao calvus rubicundus*），易危

"红秃猴是一种新大陆猴，眼前的这只是西半球圈养的唯一一只雄性红秃猴。"

红冠灰凤头鹦鹉
（*Callocephalon fimbriatum*），无危

大象的远亲 ▲ ▼

你现在看到的这只毛茸茸的动物长着圆钝的鼻子和胡须，你也许不知道它们是大象的远亲。通过追踪黄斑蹄兔和非洲象的演化历程，发现这两种动物拥有共同的祖先，但这两个物种已经彼此分开独立演化了数百万年。

对页图：黄斑蹄兔（*Heterohyrax brucei*），无危
非洲象（*Loxodonta africana*），易危

美洲鹤（*Grus americana*），濒危

"由于栖息地得到保护和人工繁育技术日趋成熟，美洲鹤的种群数量从不足20只上升到如今的数百只。这使得这种鸟类免于遭受灭绝的厄运。"

白大角羊（*Ovis dalli*），无危

红背松鼠猴（*Saimiri oerstedii oerstedii*），濒危

> "如何对待我们中的少数是衡量一个社会文明程度的标准。"

指猴（*Daubentonia madagascariensis*），濒危

"拍摄这种生活在马达加斯加的夜行性指猴对我们来说的确是一个挑战！为了不伤害它们的眼睛，我们在闪光灯上涂上了红外凝胶。这样一来，闪光灯刺眼的光线只能被相机捕捉到。我们是在自己认为完全黑暗的环境中完成拍摄的，我为此感到惊讶，因为我在相机中甚至看不到任何可以聚焦的事物。"

蓝脸吸蜜鸟
（*Entomyzon cyanotis griseigularis*），无危

钻蓝日行守宫
（*Lygodactylus williamsi*），极危

刺蛾（*Automeris* sp.）未定种

对页图：狼蛛（*Hogna osceola*），濒危等级未评估

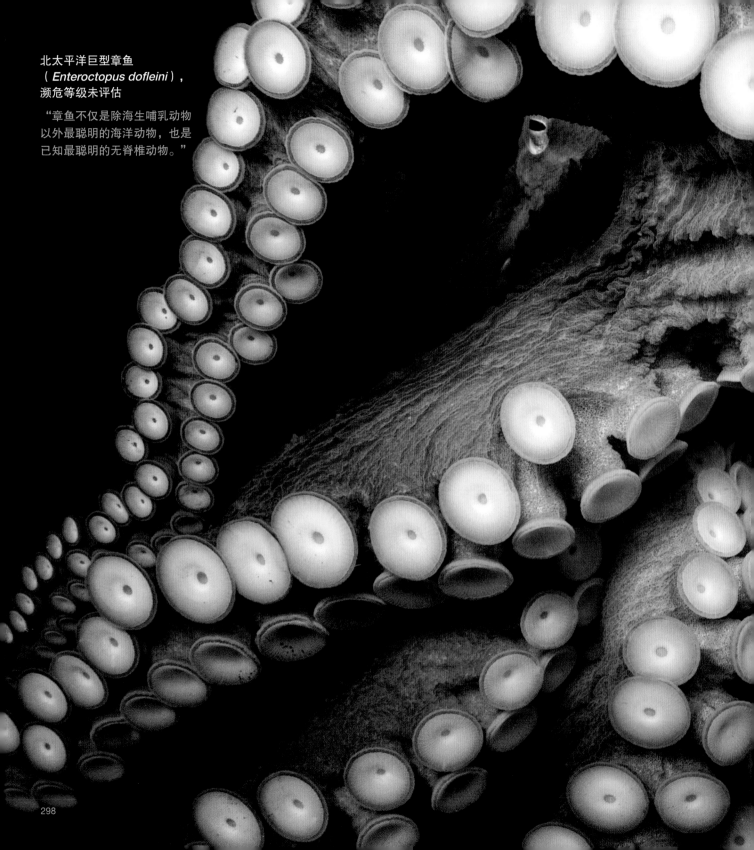

北太平洋巨型章鱼
（*Enteroctopus dofleini*），
濒危等级未评估

"章鱼不仅是除海生哺乳动物
以外最聪明的海洋动物，也是
已知最聪明的无脊椎动物。"

拍摄花絮

新加坡动物园

> "越来越多的动物园正在成为濒危动物保护中心，它们是现实世界中真正的'方舟'，也是濒危动物走向灭绝前唯一可以得到拯救的地方。"

地处赤道附近的新加坡不仅气候炎热潮湿，而且经常发生雷暴。新加坡动物园也不例外！这不，乔尔在新加坡动物园拍摄时，不远处的一个建筑物就被闪电击中。乔尔说："在听到雷声之前，我们听到了闪电发出的噼噼声，这感觉很酷！"除了闪电以外，在新加坡动物园工作人员的精心策划下，乔尔在12天的时间里拍摄了包括从水生无脊椎动物到亚洲象在内的150多种动物。新加坡的野生动物保护工作由新加坡动物园、裕廊飞禽公园、新加坡夜间野生动物园和新加坡河川生态园四家机构共同承担。除此之外，这四家机构还承担濒危物种的人工繁育任务。◆

乔尔在露天的象舍里投喂站在水池中的亚洲象。

乔尔的儿子科尔站在猴舍上方等待拍摄。他在整个拍摄期间都需要站在那里，按照乔尔的拍摄需要调节摄影灯的强度。

一只马来灵猫（*Viverra tangalunga*）卧在PVC板前等待拍摄。

302

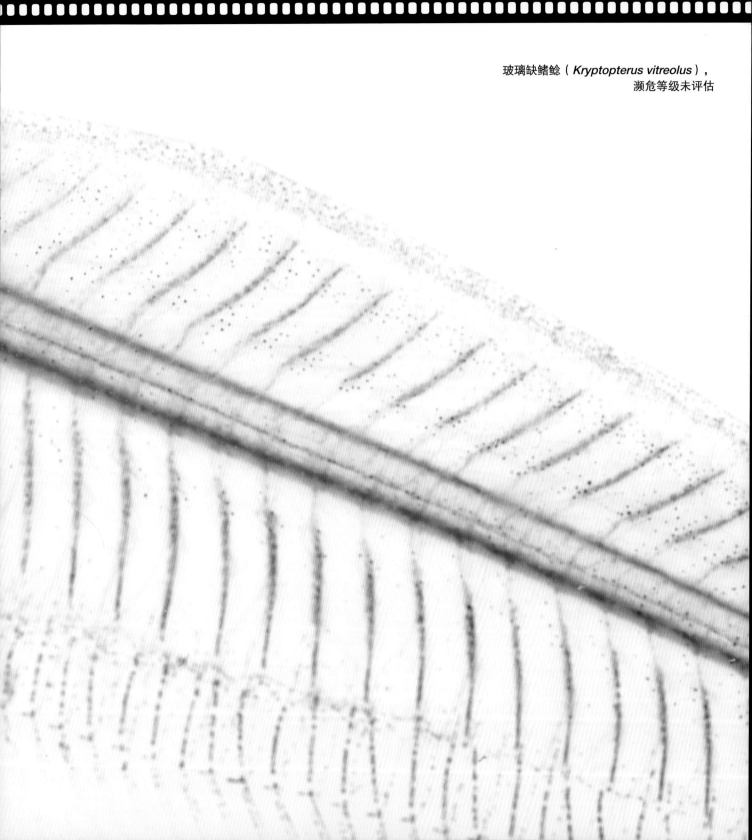

玻璃缺鳍鲶（*Kryptopterus vitreolus*），
濒危等级未评估

六斑刺鲀（*Diodon holocanthus*），无危

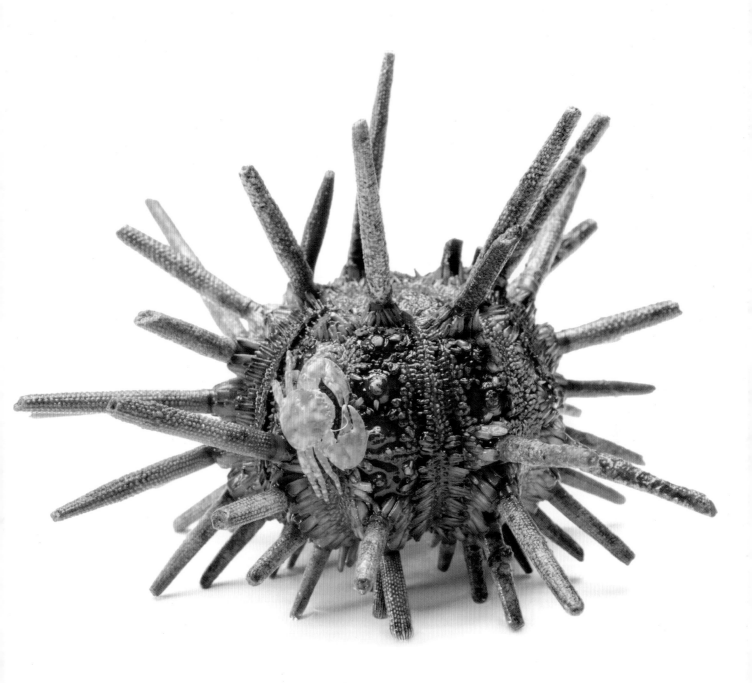

黑指泥蟹（*Panopeus herbstii*），濒危等级未评估
石笔海胆（*Eucidaris tribuloides*），濒危等级未评估

亚洲狮
（*Panthera leo persica*），濒危

花面狐蝠（*Styloctenium wallacei*），近危

白化动物 ▲ ▼

上（从左向右）：纳尔逊奶蛇（*Lampropeltis polyzona*），濒危等级未评估；
东部灰大袋鼠（*Macropus giganteus*），无危
下（从左向右）：青铜蛙（*Lithobates clamitans*），无危；
孟加拉眼镜蛇（*Naja kaouthia*），无危
对页图：红尾鵟（*Buteo jamaicensis*）浅色但非白化个体，无危

"它们展现给我们的是数百万年的演化历程，而我们要做的是关注它们的未来。"

川金丝猴（*Rhinopithecus roxellana*），濒危

黄雕鸮（*Bubo lacteus*），无危

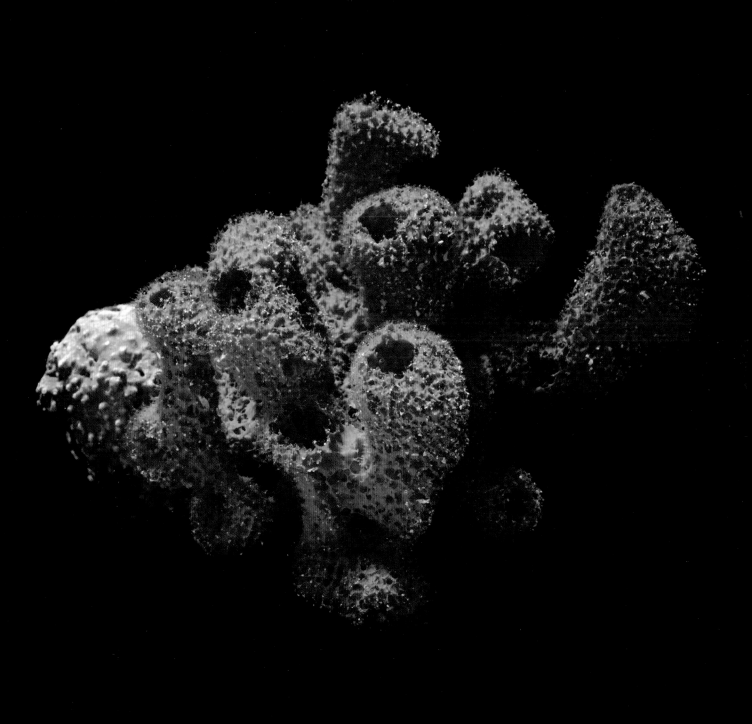

粉红海绵（*Darwinella muelleri*），濒危等级未评估

鸵鸟（*Struthio camelus australis*），无危
对页图：社氏斑马（*Equus quagga boehmi*），无危

共同警戒 ▲ ▼

生活在非洲稀树草原上的动物在防御方面形成了复杂
的合作关系。鸵鸟的视觉十分敏锐，借助自己的身高
优势可以发现距离自己很远的威胁。因此，有了鸵鸟
的警戒，斑马有更多的时间取食。斑马的听觉十分灵
敏，能够察觉到鸵鸟无法发现的伪装者。这两种动物
的优势互补，形成了共同抵御捕食者的合作关系。

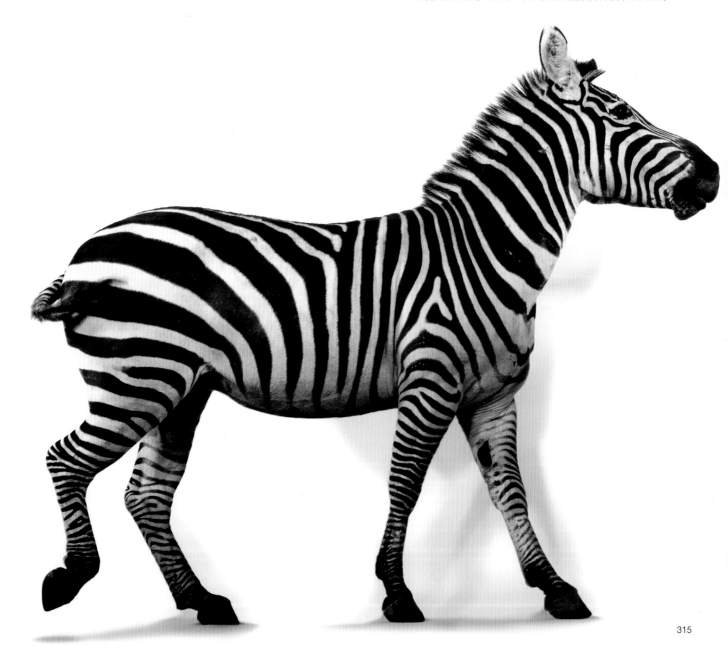

云豹（*Neofelis nebulosa*），易危

> "这些被拍摄的动物时而好斗，时而羞涩，时而张扬，时而笨拙，时而顽皮。总而言之，它们和我们没什么两样。"

宽甲长颈龟（*Chelodina expansa*），濒危等级未评估

灰长臂猿（*Hylobates muelleri*），濒危

"长度的确可以提高生存概率。长臂猿用它们的长臂运动和取食，宽甲长颈龟的长脖子在捕食时就像一根锋利的鱼叉。"

319

> **"这是十多年前第一个出现在方舟系列照片上的物种。"**

裸鼹鼠（*Heterocephalus glaber*），无危

"正如我在前言中描述的，方舟系列照片是从到林肯儿童动物园拍摄这只动物的照片开始的。现在我们看到的是同一种动物的不同个体。因此，它在我的心目中有着十分特殊的地位。"

维多利亚冠鸠（*Goura victoria*），近危

珍珠水母（*Mastigias papua*），濒危等级未评估

非洲琵鹭（*Platalea alba*），无危

长鼻猴（*Nasalis larvatus*），濒危

"这张照片是方舟系列中记录的第6 000个物种，这是一个里程碑。"

尖吻单棘鲀
（*Oxymonacanthus longirostris*），易危

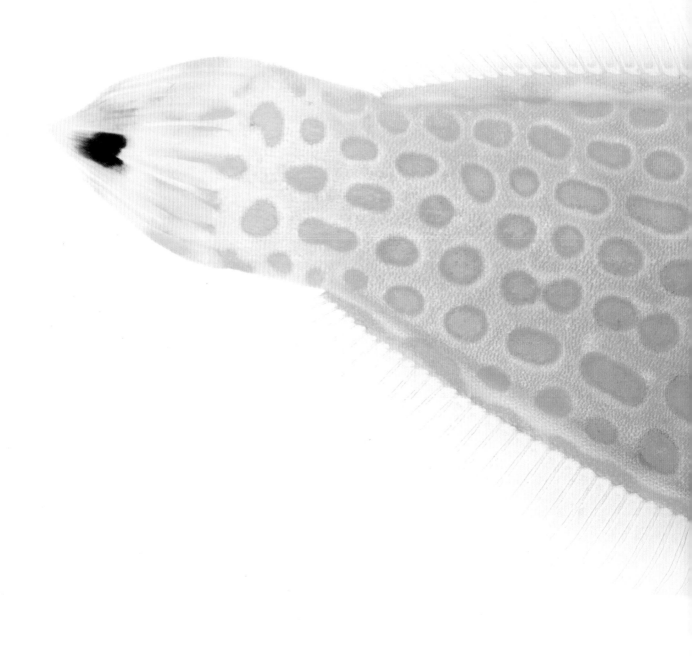

银白长臂猿（*Hylobates moloch*），濒危

褶伞蜥（*Chlamydosaurus kingii*），无危

蝌蚪

上（从左向右）：惠氏叶蛙（*Agalychnis hulli*），无危；
染色箭毒蛙（*Dendrobates tinctorius*），无危；小丑树蛙（*Dendropsophus sarayacuensis*），无危

中（从左向右）：奇里卡瓦豹蛙（*Rana chiricahuensis*），易危；
圣卢卡斯角囊蛙（*Gastrotheca pseustes*），濒危；恶魔毒蛙（*Oophaga sylvatica*），近危

下（从左向右）：沙漏树蛙（*Dendropsophus ebraccatus*），无危；
黄腿山蛙（*Rana muscosa*），濒危；丑角蟾蜍（*Atelopus spumarius*），易危

对页图：钴蓝箭毒蛙（*Dendrobates tinctorius* "*azureus*"）蝌蚪（尚未孵化），无危

动物保护使者

贝琪·芬奇
内布拉斯加州贝尔维尤
猛禽救助中心

当人们发现一只在内布拉斯加州受伤的猛禽时，贝琪·芬奇（Betsy Finch）第一时间得到了消息。她的猛禽救助中心大约有50多名训练有素的志愿者，这里是内布拉斯加州唯一获得官方许可的猛禽救护组织。这个救助中心成立于1976年，在过去的40多年间承担了12 600只鸟类的救治工作，如今已成为这一地区受伤鸟类康复的乐园。

贝琪说："救助中心接受的受伤猛禽中有95%的伤势都直接或间接与人类的活动有关，其中大部分是撞击伤。"当一只翅膀折断的金雕被送到猛禽救助中心时，工作人员发现它的眼部的疾病会延长伤势恢复的周期。它的翅膀骨折，并且可能需要一系列手术和长达数月的康复过程，但贝琪表示不会放弃任何一次救助。这只金雕最终保住了翅膀，但受伤一侧的翅膀短了一截。经过长达一年的康复过程，它重新学会了飞行并成功地回到野外。

2013年与奥马哈市丰特奈尔林场的合作让贝琪的猛禽救助中心获得了充足的资金支持。现在他们除了救助工作以外，还经常与公众分享鸟类保护知识。丰特奈尔猛禽救助计划每年吸引数千人参与。贝琪表示很高兴看到人们近距离接触这些鸟儿时兴奋的表情。她相信随着对这些受伤猛禽的了解的深入，人们会更加热衷于保护这些动物和它们的栖息地。她认为这（对于野生动物保护来说）是最重要的！◆

> " 每个人都可以做一件小事来帮助野生动物。"
>
> ——贝琪·芬奇

对页图：雪鸮（*Bubo scandiacus*），无危

贝琪·芬奇的手里拿着一只极度近视的游隼。它的视力很差，一旦它从奥马哈市中心的一座摩天大楼上的巢穴里出来，它就会陷入麻烦。

白颈麦鸡（*Vanellus miles*），无危

浅黄冠凤头鹦鹉（*Cacatua sulphurea citrinocristata*），极危

"在拍摄过程中，这对'情侣'不时相互整理羽毛。"

大天牛（*Moechotypa marmorea*），濒危等级未评估

安科拉长角牛（*Bos taurus* "*watusi*"），濒危等级未评估

"这头牛有如此大的角，但它已经学会了如何小心地把头转向
一边通过谷仓的门道。"

"我一直很喜欢这种灵长类使用手的方式，它们看起来太像我们了。"

杂毛白额卷尾猴（*Cebus versicolor*），濒危

第5章 ▲▲

希

有人把当下叫作第六次"大灭绝"，这是指目前全球范围内的物种消失事件。它的影响如此深远，以至于和冰河时期以及毁灭恐龙的小行星撞击事件相当。这一次和以往有所区别，因为我们人类既是事件的起因，也是改变一切的希望。

我们见证了森林遭到砍伐，荒地变成农田，土地变成财富，自然群落遭到破坏。我们排放废气改变了大气的成分，导致全球变暖，进而影响了气候和野生动物栖息地的原貌；我们阻断了动物迁徙的路径，将食物资源消耗殆尽；我们觊觎美丽和权贵，以猎杀大量的动物为乐趣。

如今我们后退一步，看看我们正在做什么，想想怎样才能改变我们的行为。在所有动物中，我们人类对地球的影响最大。了解我们正在做什么，我们就永远有机会弥补我们的过失，恢复业已被破坏的环境，保护丰富的物种多样性。

在最后一章中，我们将为你呈现那些被人类从灭绝的边缘拯救回来的动物。这些故事中没有一个注定拥有完美的结局，但只要我们尊重自然，并且做了我们能做的事情来保护地球的生物多样性，一切就会变得有意义。

要定义什么是"成功"的物种的确不是一件容易的事。就好比世界自然保护联盟在界定"近危""野外灭绝"和"灭绝"时的做法一样，任何有关人类干预物种保护的讨论也都应该被严格定义。

比如，我们保护白头海雕（见第75页）的努力就值得肯定，因为白头海雕的野外种群数量持续增长，表明这一物种成功地恢复到了自然状态。与之相对，加州神鹫（见第352页）的情况就不这么乐观。尽管加州神鹫在加利福尼亚州、新墨西哥州和亚利桑那州等地能够进行自然繁殖，但它们的野外种群数量不是十分稳定。大多数情况下，那些被人类注

对页图：长冠八哥（*Leucopsar rothschildi*），极危
由于宠物贸易，巴厘岛的长冠八哥如果不进行大规模的人工繁育并放归野外，就可能完全灭绝。
第341页图：红狼密西西比河亚种（*Canis rufus gregoryi*），极危
1987年，美国鱼类和野生动物管理局将圈养的红狼引入了北卡罗来纳州东部的野外。
与郊狼或红狼杂交是野生红狼面临的主要威胁，但它仍然存在。

意到的濒临灭绝的动物通常能够在动物园、水族馆、保护中心或私人保育处得到保护，它们的种群数量也因此趋于稳定甚至增长。它们中的一些已经在本书中介绍过，但更多的人正在世界各地同样执着地付出。

需要指出的是，那些在人类的照料下得以幸存的物种与能够在野外恢复正常种群数量的物种是有天壤之别的。一些深受人们喜爱的动物，比如黑猩猩、大猩猩、老虎和猎豹，在人类的关怀下依然无法回到野外。它们中的一些因为栖息地太小而难以恢复种群数量，人类活动让它们的野外栖息地进一步缩小。这就是在全世界恢复野生动物栖息地的工作如此重要的原因，因为这有助于让动物园繁育的动物早日重归大自然。

另一些没有得到人类关注的动物似乎就没那么幸运了，它们没有机会在动物园和水族馆中被人工繁育。由于生活在国家公园或自然保护区，它们在野外的种群数量可能也十分有限。因此，从森林到沙漠，从灌木丛到珊瑚礁，只要我们能尽一切力量保护周围的自然环境，那些生活在这些地方的野生动物就能免于人类的伤害。对于野生动物来说，它们并没有边界的概念，因此也不会按人类划定好的边界迁徙。为了野生动物和我们自己，我们在制定政策时需要超越保护区范围的概念，从它们的实际保护价值出发，尽可能地改善它们的生存状况。

在本章中，你将受到那些成功的保育案例的启发，其中一些动物成功地回到大自然，而另一些则需要人类长期照料。

原产于巴西沿岸热带雨林中的金狨（见第348~349页）因为雨林的过度砍伐和偷猎，一度面临灭绝的危险。在20世纪90年代，研究人员认为金狨的野外种群数量下降到只有不到200只。此后通过人工繁育和放归野外，如今金狨的野外种群数量已经恢复到超过1 000只。而林地复育工程在金狨野外种群数量的恢复方面同样功不可没。目前金狨的野外种群数量趋于稳定。

关岛秧鸡是一种原产于关岛的能够快速奔跑的不飞鸟类，种群数量在20世纪锐减。到1981年，野外种群数量下降到大约2 000只。由于人类在关岛引入了它们的天敌——野猫和蛇，它们在此后的10多年间就在野外完全灭绝。关岛当地和美国本土的保育机构通过人工繁育的方式将关岛秧鸡圈养至今，但在没有天敌的野外进行的几次放归尝试均告失败，其他的努力仍在继续。

旋角羚（法语意为"白色的羚羊"，见第356页）是一度广泛分布在非洲撒哈拉一带的一种大型偶蹄类。大范围的干旱、栖息地面积的缩小以及人类的猎杀等一系列影响一度将旋角羚推至灭绝的边缘。目前大约有1 600只旋角羚在动物园、牧场和私人保育机构中得到照顾。摩洛哥、突尼斯和阿尔及利亚已经宣布旋角羚为保护动物，而阿尔及利亚和埃及已经通过法律禁止猎杀旋角羚。野外放归任重道远，希望现在拯救这种优雅的动物还为时不晚。

讲述这些充满希望的故事自然是美好的，但许多美好的希望是短暂的。但愿我们在接下来的100年里——在我们孩子的孩子的有生之年以及之后——还能讲述千千万万的美好故事。这就是美国国家地理影像方舟项目的终极目标：让人们停下来思考，思考未来，把他们的担忧转化为行动。我们正在建造这艘承载所有地球生命的方舟。接下来，请看看这些等待人类拯救的物种吧！◆

圣文森鹦鹉（*Amazona guildingii*），易危

这只圣文森鹦鹉是加勒比小岛圣文森特特有的物种，过去一度濒临灭绝。但是保育工作和公众教育似乎已经使其种群数量恢复到了一个相对安全的水平。

黑纹背林莺（*Dendroica kirtlandii*），近危

作为北美洲最稀有的鸟类，黑纹背林莺只在3米高左右的北美短叶松上筑巢。出于森林防火的需要，它们的栖息地一度严重萎缩，但1980年一场受控的人工火灾使北美短叶松的面积进一步扩展。植树造林工程也使黑纹背林莺的栖息地得到了保护。

金狨（*Leontopithecus rosalia*），濒危

在受保护的林地中重新引入金狨，为这种巴西特有物种的长期延续提供了希望。目前，在所有生活在野外的金狨中，有三分之一来自人工繁育。

黑足鼬（*Mustela nigripes*），濒危

科学家们认为黑足鼬早在1979年就已经完全灭绝了。这种北美洲的小型哺乳动物因为它们的主要猎物——草原犬鼠遭到大量捕杀以及染病而受到威胁。人工繁育和野外放归措施已使野外的黑足鼬种群数量回升至数百只。

海獭（*Enhydra lutris kenyoni*），濒危

阿拉斯加的一小群海獭在毛皮贸易中幸存了下来。现在，美国鱼类和野生动物管理局负责这个亚种的保育工作，但虎鲸的捕食和人类的活动（石油泄漏、狩猎和捕鱼）仍然威胁着它们。

加州神鹫（*Gymnogyps californianus*），极危

大规模的人工繁育让美国西南部加利福尼亚州、亚利桑那州和新墨西哥州的加州神鹫的种群数量得以恢复。这些地区的加州神鹫的数量曾在1981年锐减至不足30只，但如今它们的数量在持续增加。

爱氏鹇（*Lophura edwardsi*），极危

鲜红的面色和蓝黑色的羽毛赋予爱氏鹇亮丽的外表。2000年前后，人们最后一次在越南中部的野外见到这种极危鸟类。如今，唐·巴特勒和安·巴特勒（见第150~151页）的个人繁育计划为这种鸟类的延续提供了可能。

美洲覆葬甲（*Nicrophorus americanus*），极危

从20世纪20年代开始，阿巴拉契亚山脉东部的美洲覆葬甲的种群数量持续减少。此后，圣路易斯动物园繁育了数千只美洲覆葬甲并将它们放归野外。

旋角羚（*Addax nasomaculatus*），极危

人们一度认为生活在非洲尼日利亚的旋角羚因为过渡捕猎和栖息地破坏而灭绝。但最近几年，在邻近的毛里塔尼亚发现了旋角羚的踪影，让人们又看到了尚有部分野生旋角羚野外种群存在的希望。与此同时，突尼斯对旋角羚的重新引入以及世界各地动物园对旋角羚的人工繁育都为这一物种的延续创造了条件。

美国短吻鳄（*Alligator mississippiensis*），无危

由于猎杀和皮革贸易的需要，美国短吻鳄在20世纪70年代一度到了灭绝的边缘。在这之后，动物保护教育和严格的法律挽救了它们。如今，美国短吻鳄已不再是受威胁的动物，它们的种群数量也得到大幅度提高。

巨水鸡（*Porphyrio hochstetteri*），濒危

直到20世纪中叶，只有为数不多的巨水鸡分布在菲奥德兰默奇森山脉一带，它们是新西兰特有的物种。随着人工繁育巨水鸡取得一定的成功，它们已被引入到其他没有哺乳动物生活的岛屿上自然生息。

佛斯坦氏虹彩吸蜜鹦鹉（*Trichoglossus forsteni*），近危

羽色艳丽的佛斯坦氏虹彩吸蜜鹦鹉原本只生活在印度尼西亚的5座岛屿上。栖息地的破坏以及外来品种啮齿类和蛇的引入使佛斯坦氏虹彩吸蜜鹦鹉的种群数量一度锐减。由于保护措施得当，目前它们的种群数量趋于稳定。

拍摄花絮

内布拉斯加州林肯儿童动物园

当乔尔决定要在内布拉斯加州林肯附近开始拍摄时，他联系了他的朋友——林肯儿童动物园的首席执行官约翰·查波（John Chapo），询问能否到那里拍摄一些动物题材的照片。此后，距离乔尔家2千米左右的林肯儿童动物园就成了影像方舟系列的诞生地。动物园的园长兰迪·谢尔（Randy Scheer）提出一个几乎不现实的方案——从裸鼹鼠开始拍摄。从那以后，兰迪就出现在乔尔的每一次拍摄中，而且从没有抱怨过。约翰·查波说："兰迪在拍摄中被踢、被咬、被抓，但他愿意为动物付出这一切，动物们也认识他。"看，只有在兰迪出现的时候这群美洲红鹳才翩翩起舞。◆

> **"这些摄影也关乎人类自身——那些富有同情心并有能力照顾动物的人，他们正在建造一艘可以持久的方舟。"**

林肯儿童动物园园长兰迪·谢尔帮助乔尔拍摄一群美洲红鹳（见第68~69页）。乔尔说："看上去它们很喜欢彼此，但不愿意待在一起。它们是群居鸟类、社会性动物，但有时表现得不太喜欢彼此。"

这只名叫卡利夫（Kalif）的双峰骆驼在兰迪的协助下站在背景前准备拍摄。虽然被它踢咬，但兰迪一直把这只骆驼当作自己最喜爱的动物之一。

在兰迪的注视下，乔尔准备拍摄一只美国毒蜥。乔尔说："兰迪并不是一位简单的园长，他的确给了我很大的帮助，特别是教会我如何在不打扰动物的情况下快速完成拍摄。我觉得他是一个不错的老板。"

双峰骆驼（*Camelus bactrianus*），极危

野生双峰骆驼因猎杀和与家养动物竞争而极度濒危。
这头用于拍摄的双峰骆驼是林肯儿童动物园于2015
年12月驯化并圈养的，它与饲养员兰迪·谢尔建立
了特殊的关系。它死后，兰迪非常伤心。

温哥华岛旱獭
（*Marmota vancouverensis*），极危

温哥华岛旱獭只生活在加拿大温哥华岛的高山草甸上，在2003年的野外调查中只记录到30只个体。人工繁育和野外放归使得这些啮齿动物的数量迅速恢复，2015年的调查显示野外种群数量已经恢复至300多只。

灰熊（*Ursus arctos horribilis*），无危

灰熊是棕熊的一个亚种，在加拿大和美国阿拉斯加有大范围的分布。2007年美国鱼类和野生动物管理局将生活在黄石公园的灰熊种群从受威胁的物种名单上除去。这些野生灰熊对人类的适应能力远远强于人类对它们的适应能力。在不受人类威胁的地区，它们的生存问题不大。

红颈鹿瞪羚（*Nanger dama ruficollis*），极危

优雅的红颈鹿瞪羚是非洲撒哈拉和萨赫勒地区非
法猎杀和栖息地丧失的受害者，一度很难见到。
它们的形象被尼日尔国家足球队选为吉祥物。在
目前的人工繁育计划下，红颈鹿瞪羚的种群数量
得以恢复。

游隼（*Falco peregrinus*），无危

北美游隼的保护可谓是一个成功的例子！20世纪DDT的大范围使用使游隼的蛋壳变薄且易碎，它们也因此于20世纪70年代一度登上濒危动物的名录。但当DDT在1972年被禁用后，游隼种群的数量稳步攀升。到了1999年，它们的名字被从濒危动物名录上除去。2007年的一次野外调查发现，过去50年中游隼的种群数量增加了2 600%。

蓝喉金刚鹦鹉（*Ara glaucogularis*），极危

对于有些鸟类来说，拥有五颜六色的羽毛并不是一件好事。宠物交易曾导致蓝喉金刚鹦鹉的数量在20世纪80年代锐减，但有效的保护措施和宠物交易的全面禁止为这一物种的延续带来了希望。

夏威夷雁（*Branta sandvicensis*），易危

夏威夷雁是夏威夷群岛特有的物种。由于人类的猎杀以及外来物种的引入，它们的数量一度锐减。保育计划已经成功地向野外放归了2 400多只夏威夷雁，目前野外夏威夷雁的数量正在持续增加。

"这还不算完！你也可以尝试保护物种，而且我们每个人都能真正而持久地为物种保护尽自己的一份力。"

普氏野马（*Equus ferus przewalskii*），濒危

尽管看上去很像普通的家马，普氏野马和家马之间
还是有许多区别的。作为野马中仅存的亚种，人们
曾经认为普氏野马已经从亚洲腹地完全灭绝，但人
工繁育和野外放归使其种群再度延续。如今，一个
巨大的半野化的普氏野马种群生活在法国中部的一
个人工繁育物种野化放归中心。

白纹牛羚（*Damaliscus pygargus*），近危

生活在南非开普敦的几户农民在20世纪中叶拯救了白纹牛羚这个物种。从那之后，私人牧场主开始尝试饲养白纹牛羚，并使其延续成为可能。

黄鳍石鮰（*Noturus flavipinnis*），易危

早在科学家正式描述时，黄鳍石鮰就被认为已经完全灭绝。渔业保护方面的努力（参见第126~127页）已经使黄鳍石鮰在田纳西河上游的水利系统中重新建立了新的种群。

褐鹈鹕（*Pelecanus occidentalis*），无危

有毒的农药差点使这些大型海鸟灭绝。1970年，褐鹈鹕在美国被宣布为濒危物种，到了2009年才被从濒危物种名单上除去。如今，在美洲沿岸褐鹈鹕种群的数量已经上升至数百万只！

佛罗里达山狮（*Puma concolor coryi*），无危

1995年，野外仅存的佛罗里达山狮大约只有30只。为了增加野外种群的遗传多样性，科学家们将9只雌性佛罗里达山狮从得克萨斯州引入佛罗里达野外。

笛鸻（*Charadrius melodus*），近危

笛鸻的巢建在开阔的砂石滩上。它们经常选择
忙碌的海滩、路边甚至采石场筑巢，这为其繁
殖带来了灾难性后果。好在20世纪90年代以来
的保护措施阻止了笛鸻种群的衰落。

关岛秧鸡（*Hypotaenidia owstoni*），野外灭绝

不具备飞行能力的关岛秧鸡曾是这座太平洋小岛的特有物种，在野外已灭绝，但被动物园和动物保护人士所保育。近年来，一些动物保护人士在关岛附近的两座小岛上野外放归了部分人工繁育的关岛秧鸡。

斯皮克斯金刚鹦鹉（*Cyanopsitta spixii*），极危

蓝色的羽毛、亮丽的外形让斯皮克斯金刚鹦鹉为
宠物爱好者深深喜爱，因此这一物种一直受到非
法宠物交易的困扰。2000年以来，人们没有发现
过野生的斯皮克斯金刚鹦鹉，但目前人工繁育的
斯皮克斯金刚鹦鹉有100只左右。

远东豹（*Panthera pardus orientalis*），极危

远东豹是生活在俄罗斯远东地区的极度濒危的豹亚种，
也是世界上最稀缺的大型猫科动物。但可喜的是，目前
在远东豹的保护方面成效显著。它们居于所处生态系统
的顶端，没有太多的天敌。看，它们现在来检查我和我
的相机了……

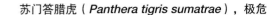

苏门答腊虎（*Panthera tigris sumatrae*），极危

苏门答腊虎世界上数量最少的虎之一，非法交易、碎片化的生境和与人类的冲突都使苏门答腊虎陷入濒临灭绝的境地。在印度尼西亚的苏门答腊岛，苏门答腊虎的野外种群数量不足250只。如果没有人工圈养，所有的苏门答腊虎都会在50年内从地球上消失。

鸮鹦鹉
（*Strigops habroptilus*），极危

这只名叫希洛克（Sirocco）的鸮鹦鹉
对人类产生了印随，所以它一部分时间
生活在新西兰没有天敌的小岛上，一部
分时间在各地动物园和自然保护中心穿
梭，成为了一位了不起的动物保护教育
形象大使。

苏门答腊猩猩
（*Pongo abelii*），近危

对苏门答腊森林无节制的砍伐使
原始的热带雨林变成人工林，这
对苏门答腊猩猩的生存来说是极
度威胁。"这只苏门答腊猩猩很
温顺，我记得我帮助它在白色背
景前摆姿势，而且我一直想知
道那时它究竟在想什么。"

墨西哥狼

（*Canis lupus baileyi*），无危

作为普通狼的一个亚种，墨西哥狼最近面临灭绝的危险，一度只有很小的一个野外种群生活在墨西哥。如今，人工繁育和野外放归的努力并没有白费，不仅在墨西哥的野外种群数量持续增加，而且在美国境内的种群数量也有大幅增加。

拍摄过程

这些照片是如何拍摄的呢？首先我们将拍摄对象放置在黑色或白色的背景当中，调节光线，以满足摄影的要求。对于体形较小的动物来说，操作比较简单，把它们放置在背景当中即可。但在大多数情况下，我们会把它们放置在小型摄影棚中。这样，除了镜头以外，它们再也不会看到任何其他事物。拍摄斑马、犀牛和大象等胆小的动物时，只会利用自然光线。我们很少在它们的脚下放置背景，以减小它们的恐惧。在这种情况下，要么不拍到它们的脚，要么在后期用Photoshop软件将地面涂黑。

大多数参与影像方舟拍摄的动物都是圈养的，因此它们对人类并不陌生。但拍摄时，我们还是尽量加快速度，因此很少停下来打扫落在背景上的污物。如果有的话，通常在后期会用Photoshop软件将其处理掉。

总之，我们的宗旨是为读者展现整洁、专业的动物照片，尽可能地消除不必要的干扰，吸引读者的注意力。◆

这款摄影棚的黑白里衬让小动物的拍摄变得简捷而安全。

拍摄前：我们的首要目的是尽可能缩短拍摄时间，以缓解动物的紧张情绪。这意味着我们要花大量的时间精修照片，去除背景。

拍摄后：在计算机上去除所有不必要的背景。

拍摄前：拍摄那些敏感的动物和大型动物时，我们会在拍摄前将拍摄场地用黑色背景覆盖。

拍摄后：仅需在Photoshop软件中将地面调暗，这样在拍摄时就不需要在地面上铺上黑色背景。

关于影像方舟

对于地球上的许多生物来说，剩下的时间已经不多了，物种正在以惊人的速度消失。这也是美国国家地理学会和著名摄影师乔尔致力于寻找拯救它们的有效措施的原因。美国国家地理影像方舟系列是一个致力于用图片记录每一种圈养动物的庞大计划。它的目的不仅是激发人们关心大自然的环保意识，更在于帮助这些动物世世代代生存下去。这个系列丛书全部完成后将作为这些动物曾经存在的重要影像资料和物种拯救计划的有力佐证。◆

高冠变色龙（*Chamaeleo calyptratus*），无危

致谢

如何在这里感谢成千上万的拍摄者？显然不可能。所以，我决定感谢所有为拍摄提供帮助的动物园、水族馆、私人保育者和野生动物保护中心，感谢他们让我有机会拍摄正在接受照料的动物们，感谢他们长期以来的辛勤付出。重要的是他们在自己的家乡成立了这样的组织，并且长期奋战在保护濒危动物的一线。

我要感谢影像方舟的所有投资方，无论是私人还是美国国家地理学会、野生动物保护基金会、保护国际基金会、国际海洋保护协会和奥杜邦学会等专业组织的工作人员，由于本书篇幅有限，恕不一一列出。

我还要感谢那些几十年如一日致力于这个项目的工作人员，从我们的科学顾问皮埃尔·德·查班尼斯（Pierre de Chabannes）到乔尔·萨托摄影工作室的工作人员，以及我的妻子凯西、女儿爱伦（Ellen）和儿子斯宾塞（Spencer）。感谢他们对我长年离家的宽容。我还要感谢我的儿子科尔，他是在旅途中陪伴我最久的家人。最后，我要感谢我的父母约翰·萨托（John Sartore）和莎伦·萨托（Sharon Sartore）赋予我热爱自然和勤勉工作的灵魂，并给予我一个很高的起点！

我深深地感谢你们所有人！

乔尔·萨托

白脸角鸮（*Ptilopsis leucotis*），无危

图书在版编目（CIP）数据

美国国家地理动物奇珍馆 / （美）乔尔·萨托
(Joel Sartore) 著；王烁译. -- 北京：人民邮电出版
社，2021.4
（美国国家地理丛书）
ISBN 978-7-115-55951-7

Ⅰ．①美… Ⅱ．①乔… ②王… Ⅲ．①动物—普及读
物 Ⅳ．①Q95-49

中国版本图书馆CIP数据核字(2021)第022054号

内容提要

　　地球是人类和亿万生灵共同的家园。在漫长的演化进程中，生命塑造了我们这颗蔚蓝色的星球，并为人类的生存和发展提供了重要保障。物种灭绝既不新鲜也不罕见，但是今天物种以如此惊人的速度灭绝是此前从未发生过的。在我们惊叹于野生动物的神奇和悲叹于它们的可怜处境之时，一些先行者已经开始行动起来，为挽救濒临灭绝的物种而努力。

　　在本书中，我们将看到摄影师乔尔·萨托历时十多年时间在全球各地的动物园中所拍摄的数百种动物的精美图片。不管是凶猛威严的大型猛兽、可爱呆萌的灵长类还是羽色艳丽的飞禽，每一幅图片都会让你注视良久，从而真切地感受到它们的美丽、优雅与智慧。其中，很多动物可能会在我们的有生之年从地球上消失。

　　让我们走进这个神奇的动物世界，并为保护物种的多样性而行动起来吧。

◆ 著　　　　[美] 乔尔·萨托（Joel Sartore）

　　译　　　　王　烁

　　责任编辑　刘　朋

　　责任印制　王　郁　陈　犇

◆ 人民邮电出版社出版发行　　北京市丰台区成寿寺路 11 号
　　邮编　100164　　电子邮件　315@ptpress.com.cn
　　网址　https://www.ptpress.com.cn
　　雅迪云印（天津）科技有限公司印刷

◆ 开本：889×1194　1/20
　　印张：19.6　　　　　　　　　2021 年 4 月第 1 版
　　字数：570 千字　　　　　　　2021 年 4 月天津第 1 次印刷

　　著作权合同登记号　图字：01-2018-8762 号

定价：149.90 元

读者服务热线：(010)81055410　印装质量热线：(010)81055316
反盗版热线：(010)81055315
广告经营许可证：京东市监广登字 20170147 号